高等职业教育机电类专业新形态教材

传感器与测试技术

主　编　穆龙涛　张文亭
副主编　潘冠廷
参　编　李翊宁　王　英　仝　敏

机械工业出版社

为了满足培养技能型人才的需要，本书依据高等职业教育人才培养目标的要求，遵循简明、实用、新颖的编写原则，力求理论联系实际，突出应用及技能训练，着重介绍了常用传感器的结构、原理、测量转换电路及传感器检测技术应用。

本书共分为十个模块，模块一介绍了传感器及检测基础知识，模块二~模块十分别介绍了温度传感器的应用、压力传感器的应用、位移传感器的应用、光敏传感器的应用、气敏传感器与湿敏传感器的应用、流量传感器及其应用、光电式传感器及其应用、新型传感器及其应用、转速传感器及其应用。

本书可作为高等职业教育本专科院校智能制造工程技术、装备智能化技术、机械电子工程技术、机电一体化技术、电气工程及自动化、数控技术等专业的教材，也可供相关工程技术人员参考。

本书配有电子课件等资源，凡使用本书作为教材的教师可登录机械工业出版社教育服务网（http://www.cmpedu.com），注册后免费下载。

图书在版编目（CIP）数据

传感器与测试技术 / 穆龙涛，张文亭主编. -- 北京：机械工业出版社，2025. 1. --（高等职业教育机电类专业新形态教材）. -- ISBN 978-7-111-77421-1

Ⅰ. TP212.06

中国国家版本馆 CIP 数据核字第 2025PF9519 号

机械工业出版社（北京市百万庄大街 22 号　邮政编码 100037）

策划编辑：王英杰　　　　　　　责任编辑：王英杰
责任校对：韩佳欣　李　杉　　　封面设计：张　静
责任印制：邓　博

北京盛通数码印刷有限公司印刷

2025 年 3 月第 1 版第 1 次印刷

184mm×260mm · 11 印张 · 270 千字

标准书号：ISBN 978-7-111-77421-1

定价：36.00 元

电话服务　　　　　　　　　　网络服务

客服电话：010-88361066　　机　工　官　网：www.cmpbook.com

　　　　　010-88379833　　机　工　官　博：weibo.com/cmp1952

　　　　　010-68326294　　金　书　网：www.golden-book.com

封底无防伪标均为盗版　　机工教育服务网：www.cmpedu.com

前　言

传感器是现代工业和科技领域中的重要组成部分，广泛应用于机械、电子、化工、医疗、环保等领域。本书通过对传感器的深入研究，为读者提供了全面的传感器知识体系，使读者能够深入了解各种传感器的原理、特点及应用，为读者的工作和研究提供了有力的支持。

本书从传感器的基本原理、结构和特性入手，深入探讨了各种传感器的工作原理、特点及应用。同时，本书还介绍了传感器在测试技术方面的基本原理、方法、测试仪器的使用和测试数据的处理等，旨在帮助读者深入了解传感器、检测和测试技术应用，提高读者的实际应用能力和解决问题的能力。

本书是在深入挖掘传感器和测试技术领域研究成果的基础上，结合高等职业教育本科的特点和实际需求编写的，力求让内容更加贴近实际应用，并注重将理论与实践相结合，旨在提供一本全面、实用、易懂的教材，帮助读者掌握传感器和测试技术的基本知识和应用方法，提高读者的综合素质和实践能力。本书具有以下特点：

1. 坚持立德树人的根本任务，本书在传授传感器技术与测试技术的同时，注重培养读者的综合素质与社会责任感，强调科技发展应服务于人类社会的可持续发展。

2. 本书采用项目导向的体例设计，通过实际项目案例的解析与实践，深入理解传感器技术与测试技术的应用，提升读者解决实际问题的能力。另外，本书配备了视频等数字化资源，读者可以通过扫描相应的二维码获取相关知识，进一步拓展学习内容。

3. 本书内容紧密结合工程实际，深入探讨传感器在智能制造、工业生产线、工程化等领域的应用，帮助读者更好地理解传感器在实际工作中的重要性与应用场景。通过案例分析，读者能够学习到传感器的基础原理、典型应用与技术发展，增强实战能力。

本书共分为十个模块，模块一、模块二、模块四的项目二、模块八的项目四、模块九的项目一～项目三、模块十和所有素养提升部分由陕西工业职业技术学院穆龙涛编写；模块三和模块四的项目一由陕西工业职业技术学院潘冠廷编写；模块五和模块六由陕西工业职业技术学院李翊宁编写；模块七由陕西工业职业技术学院王英编写；模块八的项目一～项目三由陕西国防工业职业技术学院仝敏编写；模块九的项目四由陕西工业职业技术学院张文亭编写。穆龙涛负责全书的统筹和审稿工作。

本书为 2022 年陕西省地方课程地方教材及教辅资源研究课题"双高"建设背景下职业教育活页式教材开发研究与实践研究成果。本书的编写得到了陕西省自然科学基础研究计划项目（2024JC-YBMS-177、2021JQ896）、陕西省重点研发计划项目（2022SF-368）、陕西省教育厅科研计划项目（22JK0268）、陕西省职业技术教育学会项目（SGKCSZ2020-205），以及复合型移动机器人陕西省高校工程研究中心、咸阳市高端数控机床关键零部件工程技术研究中心、咸阳市先进制造技术特色产业专家工作站的支持，在此一并表示感谢。

　　由于编者水平有限，书中难免存在不足之处，恳请广大读者批评指正。

编　者

二维码清单

名称	二维码	名称	二维码
主要内容介绍		温度传感器简介	
传感器的基础知识 1		热敏电阻	
传感器的基础知识 2		集成温度传感器	
传感器的基本特性		光敏电阻	
传感器的发展		光电二极管与光电晶体管	
测量方法及测量误差			

目 录

模块一

传感器及检测基础知识

知识点

1）传感器的概念、组成及特点。
2）传感器的地位与作用。
3）测量及误差的基本知识。
4）传感器接口电路及其原理、调试方法。

技能点

1）能够根据误差选择精度合适的测量仪表。
2）能够制作与调试基本的接口电路。

模块学习目标

本模块主要学习传感器的概念、测量与误差及传感器接口电路等知识。通过本模块的学习，明白传感器在现代测控系统中的地位、作用，掌握传感器的定义，了解其发展趋势；掌握与测量有关的名词、测量的分类、误差的表示形式，并能够根据测量精度要求选择仪表；理解并熟练掌握接口的电路形式、原理及作用，能根据现象判断故障的位置。

在学习本模块前，应复习一下电路基本理论、电工电子技术相关知识，通过学习能制作一些简单的接口电路及应用案例，以锻炼动手和解决问题的能力。

项目一　传感器的认识

知识点

1）传感器的定义、组成。
2）传感器的静态特性指标。
3）传感器的数学模型。

主要内容介绍

技能点

1）理解传感器的静态特性指标。
2）掌握传感器的定义及组成。

传感器技术是一种将物理、化学或生物现象转换为电信号的技术，它已经广泛应用于各个领域，如工业生产、医疗保健、环境监测、军事防御等。在工业生产中，传感器可以用于自动化生产线的控制、质量检测、设备运行状态监测等方面，以提高生产率和产品质量。在医疗保健领域，传感器可以用于患者生命体征监测、药物输送等，帮助医生提供更精准的诊断和治疗。在环境监测方面，传感器可以用于监测大气污染、水质、土壤污染等，帮助政府和社会更好地保护环境。在军事防御领域，传感器可以用于监测敌情、控制武器系统、提高作战效率等，对于国家安全具有非常重要的意义。

当今社会的发展，就是信息技术的发展。传感器以其技术含量高、经济效益好、渗透力强、市场前景广等特点为世人所瞩目。传感器检测涉及的范围很广，常见的检测涉及的内容见表 1-1。

表 1-1 传感器检测涉及的内容

被测量类型	被测量
机械量	速度、加速度、转速、应力、应变、力矩、振动等
几何量	长度、厚度、角度、直径、平行度、形状等
电参量	电压、电流、功率、电阻、阻抗、频率、相位、波形、频谱等
热工量	温度、热量、比热容、压强、物位、液位、界面、真空度等
物质成分量	气体、液体、固体的化学成分，浓度、湿度等
状态量	运动状态(起动、停止等)、异常状态(过载、超温、变形、堵塞等)

一、传感器及其基本特性

1. 传感器的定义及组成

国家标准 GB/T 7665—2005 对传感器的定义是：能感受被测量并按照一定的规律转换成可用输出信号的器件或装置，通常由敏感元件和转换元件组成。传感器是一种检测装置，能感受到被测量的信息，并能将感受到的信息按一定规律变换成为电信号或其他所需形式的信息输出，以满足信息的传输、处理、存储、显示、记录和控制等要求，它是实现自动检测和自动控制的首要环节。传感器的输出信号多为易于处理的电信号，如电压、电流、频率等。传感器的组成如图 1-1 所示。

传感器的
基础知识 1

图 1-1 中的敏感元件指传感器中能直接感受或响应被测量的部分，即被测量通过传感器的敏感元件转换成一个与之有确定关系、更易于转换的非电量。这一非电量通过转换元件被转换成电阻、电容等电参量。转换电路的作用是将转换元件输出的电参量转换成易于处理的电压、电流或频率。应该指出，有些传感器将敏感元件与传感元件合二为一。

传感器的
基础知识 2

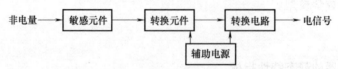

非电量 → 敏感元件 → 转换元件 → 转换电路 → 电信号，辅助电源

图 1-1 传感器的组成

2. 传感器的分类

传感器有很多种分类方法，但比较常用的有如下三种。

1）按测量的物理量，传感器可分为位移、力、速度、温度、湿度、流量、气体成分等传感器。

2）按工作原理，传感器可分为电阻、电容、电感、电压、霍尔、光电、光栅、热电偶等传感器。

3）按输出信号的性质，传感器可分为输出为开关量（"1"和"0"或"开"和"关"）的开关型传感器、输出为模拟量的模拟型传感器和输出为脉冲或代码的数字型传感器。

3. 传感器的数学模型

传感器检测到被测量后，应该按照规律输出有用信号。因此，需要研究传感器的输出量与输入量之间的关系及特性，理论上用数学模型来表示。

传感器可以检测静态量和动态量，输入信号不同，传感器表现出来的关系和特性也不尽相同。传感器的数学模型分为动态和静态两种，本书只讨论静态数学模型。

静态数学模型是指在静态信号作用下，传感器输出量与输入量之间的一种函数关系，表示为

$$y = a_0 + a_1 x + a_2 x^2 + \cdots + a_n x^n$$

式中　x——输入量；

　　　y——输出量；

　　　a_0——零输入时的输出，也称零位误差；

　　　a_1——传感器的线性灵敏度，用 K 表示；

$a_2 \cdots a_n$——非线性项系数。

根据传感器的数学模型，一般把传感器分为三种：

1）理想传感器，静态数学模型表现为 $y = a_1 x$。

2）线性传感器，静态数学模型表现为 $y = a_0 + a_1 x$。

3）非线性传感器，静态数学模型表现为 $y = a_0 + a_1 x + a_2 x^2 + \cdots + a_n x^n$。

说明：$a_2 \cdots a_n$ 中至少有一个不为零。

4. 传感器的特性与技术指标

传感器的静态特性是指输入信号为静态量时，传感器的输出量与输入量之间的关系。因为输入量和输出量都与时间无关，它们之间的关系，即传感器的静态特性可用一个不含时间变量的代数方程表示，或用以输入量为横坐标，与其对应的输出量为纵坐标而画出的特性曲线来描述。表征传感器静态

传感器的
基本特性

特性的主要参数有灵敏度、线性度、分辨力、重复性、迟滞现象、稳定性与漂移等。传感器的参数指标决定了传感器的性能及选用原则。

（1）灵敏度　灵敏度 K 是指传感器在稳态工作情况下输出量的变化 Δy 与输入量的变化 Δx 的比值。它是输出-输入特性曲线的斜率，即

$$K = \frac{\Delta y}{\Delta x}$$

如果传感器的输出量和输入量之间呈线性关系，则灵敏度 K 是一个常数，即特性曲线

的斜率。否则，它将随输入量的变化而变化。

灵敏度的量纲是输出量与输入量的量纲之比。例如，某位移传感器，在位移变化 1mm 时，输出电压变化为 200mV，则其灵敏度应表示为 200mV/mm。当传感器的输出量与输入量的量纲相同时，灵敏度可理解为放大倍数。

提高灵敏度，可得到较高的测量精度。但灵敏度越高，测量范围就越窄，稳定性也往往越差。

（2）线性度 通常情况下，传感器的实际静态特性曲线是曲线而非直线。在实际工作中，为使仪表具有均匀刻度，常用一条拟合直线近似地代表其实际的特性曲线，线性度（非线性误差）就是这个近似程度的一个性能指标。拟合直线的选取有多种方法，如将零输入和满量程输出点相连的理论直线作为拟合直线；或将与特性曲线上各点偏差的平方和为最小的理论直线作为拟合直线，此拟合直线称为最小二乘法拟合直线，即

$$E = \pm \frac{\Delta_{max}}{Y_m} \times 100$$

式中　E——线性度；

　　　Δ_{max}——实际曲线与拟合直线之间的最大差值；

　　　Y_m——传感器的量程。

（3）分辨力 分辨力是指传感器能够感受到的被测量的最小变化的能力。也就是说，如果输入量从某一非零值缓慢地变化，当输入量的变化值未超过某一数值时，传感器的输出不会发生变化，即传感器对此输入量的变化是分辨不出来的。只有当输入量的变化超过分辨力时，传感器的输出才会发生变化。

通常传感器在满量程范围内各点的分辨力并不相同，因此常用满量程中能使输出量产生阶跃变化的输入量中的最大变化值作为衡量分辨力的指标，上述指标若用满量程的百分比表示，则称为分辨力。

（4）重复性 重复性是指传感器在对输入量按同一方向做全量程多次测试时，所得特性曲线不一致的程度，即

$$E_z = \pm \frac{\Delta_{max}}{Y_m} \times 100\%$$

式中　E_z——重复性；

　　　Δ_{max}——多次测量曲线之间的最大差值；

　　　Y_m——传感器的量程。

（5）迟滞现象 迟滞现象是指传感器在正向行程（输入量增大）和反向行程（输入量减小）期间，特性曲线不一致的程度。闭合路径称为滞环。用公式表示为

$$E_{max} = \pm \frac{\Delta_{max}}{Y_{fs}} \times 100\%$$

式中　E_{max}——滞环值；

　　　Δ_{max}——正向曲线与反向曲线之间的最大差值；

　　　Y_{fs}——传感器的量程。

（6）稳定性与漂移 传感器的稳定性有长期和短期之分，一般指一段时间以后，传感器的输出和初始标定时的输出之间的差值。通常用不稳定度来表征其输出的稳定程度。传感

器的漂移是指在外界干扰下，输出量出现与输入量无关的变化。漂移有很多种，如时间漂移和温度漂移等。时间漂移指在规定的条件下，零点或灵敏度随时间发生变化；温度漂移指环境温度变化而引起的零点或灵敏度的变化。

二、传感器在各领域中的应用

随着现代科学技术的高速发展和人们生活水平的迅速提高，传感器技术越来越受到普遍的重视，它的应用已渗透到国民经济的各个领域。

1. 在工业生产中的应用

在工业生产过程中，必须对温度、压力、流量、液位和气体成分等参数进行检测，以实现对工作状态的监控，诊断生产设备的各种情况，使生产系统处于最佳状态，从而保证产品质量，提高效益。目前传感器与微型计算机、通信等技术的结合能够使工业监测实现自动化，具有准确度高、效率高等优点。如果没有传感器，现代工业生产的自动化程度将会大大降低。

2. 在汽车电控系统中的应用

随着人们生活水平的提高，汽车逐渐走进千家万户。汽车的安全舒适、低污染、高燃油效率越来越受到社会重视，而传感器在汽车中相当于感官和触角，只有它才能准确地采集汽车工作状态的信息，提高自动化程度。汽车传感器主要分布在发动机控制系统、底盘控制系统和车身控制系统中。普通汽车上装有几十到上百个传感器，豪华车中使用的传感器多达300个。因此，传感器作为汽车电控系统的关键部件，将直接影响汽车技术性能的发挥。

3. 在现代医学领域中的应用

传感器在现代医学仪器设备中已无所不在。医学传感器能够拾取生命体征信息，它的作用日益显著，并得到广泛应用。例如，在图像处理，临床化学检验，生命体征参数的监护监测，呼吸、神经、心血管疾病的诊断与治疗等方面，传感器的使用十分普遍。

4. 在环境监测方面的应用

近年来，环境污染问题日益严重。人们迫切希望拥有一种能对污染物进行连续、快速、在线监测的仪器，而传感器满足了人们的要求。目前，已有相当一部分生物传感器应用于环境监测。例如，二氧化硫是酸雨、酸雾形成的主要原因，传统的检测方法很复杂，现在将亚细胞类脂类固定在醋酸纤维膜上，与氧电极制成安培型生物传感器，可对酸雨、酸雾样品溶液进行检测，大大简化了检测方法。

5. 在军事中的应用

传感器技术广泛地应用于远方战场的监视系统、防空系统、雷达系统、导弹系统等，是提高军事战斗力的重要因素。它在军用电子系统中的运用促进了武器、作战指挥、控制、监视和通信的智能化。

6. 在智能家居中的应用

随着以微电子为中心的技术革命的兴起，智能家居正向自动化、智能化、节能环保方向发展。在家居设备中安装传感器，可以将家居设备连接到互联网，实现智能控制和管理。例如，通过温度传感器和光照传感器，可以自动调整室内温度和照明，提高居住舒适度和节能效果。随着人们对智能家居的便捷性、舒适性、安全性、节能环保等性能要求的提高，传感器的应用将越来越广泛。

7. 在科学研究中的应用

科学技术的不断发展，蕴生了许多新的学科领域，无论是宏观宇宙，还是微观粒子世界，许多未知的现象和规律的研究都需要获取大量人类感官无法获得的信息，没有相应的传感器是无法获取这些信息的。

三、传感器技术的发展趋势

传感器的发展

科学技术的发展使得人们对传感器技术越来越重视，并认识到它是影响人们生活水平的重要因素之一。随着世界各国现代化步伐的加快，对检测技术的要求也越来越高，因此，对传感器的开发成为目前最热门的研究课题之一。传感器技术的发展趋势可以从以下几方面来看：一是开发新材料、新工艺和新型传感器；二是实现传感器的多功能、高精度、集成化和智能化；三是通过传感器与其他学科的交叉整合，实现无线网络化。

1. 开发新型传感器

新型传感器的研发依托于多种物理、化学和生物效应的原理，促使科学家们探索具有新颖特性的敏感材料。这一过程不仅推动了基于新原理的新型传感器的诞生，也是实现高性能、多功能、低成本和小型化传感器的重要途径。

2. 开发新材料

传感器材料是传感器技术的基石。随着技术的进步，除了传统的半导体和陶瓷材料，光导纤维、纳米材料以及超导材料等新材料纷纷涌现。特别是智能材料，它具备环境感知、识别和判断等多重功能，为传感器的发展带来了前所未有的可能性。

3. 开发多功能集成化传感器

传感器的集成化有两个主要方向：一是同类功能的多元件并联，例如快速发展的自扫描光电二极管阵列和CCD图像传感器；二是功能的整合，即将传感器的检测能力与放大、运算和温度补偿等功能合为一体，形成一个完整的设备，如集压敏电阻、电桥、电压放大器和温度补偿电路于一体的单块压力传感器。多功能传感器能够同时检测多个参数，如新近研发的硅压阻式复合传感器可同时测量温度与压力。

4. 开发智能传感器

智能传感器是将传感器技术与计算机集成于一块芯片中的装置。它不仅具备感知能力，还具备认知能力，通过将多种气敏元器件整合在一个芯片上，并运用图像识别技术处理数据，从而实现对气体种类和浓度的准确识别。

5. 推动多学科交叉融合

无线传感器网络由大量具备无线通信与计算能力的微型传感器节点构成，形成自组织的分布式网络系统。这一技术涉及微传感器、微机械、通信、自动控制和人工智能等多个学科，已广泛应用于军事、反恐、防爆、环境监测、医疗、家居、商业和工业等领域。

6. 加工技术微精细化

随着传感器质量的不断提升，加工技术的微细化在生产中变得愈加重要。微机械加工技术依托于离子束、电子束、激光束和化学刻蚀等先进技术，现已广泛应用于传感器的制造中，如溅射、蒸镀、化学气相沉积等工艺。

项目二　测量及误差

1）测量的基本概念。
2）测量误差的分类及表示方法。

测量方法及测量误差

技能点

1）掌握误差的表示方法。
2）能够根据测量结果计算各种误差。
3）能够根据要求选择精度符合要求的测量仪表。

由于测量方法和仪器设备的不完善，周围环境的影响，以及人的观察力等限制，实际测量值和真值之间总是存在一定的差异。人们常用绝对误差、相对误差等来说明一个近似值的准确程度。为了评定实验测量数据的准确性或误差，认清误差的来源及其影响，需要对测量误差进行分析和讨论。并由此判定哪些因素是影响实验准确度的主要方面，从而进一步改进测量方法，缩小实际测量值和真值之间的差值，提高测量的准确性。

一、测量

测量是指借助专门的技术与设备，通过实验和计算的方法取得事物量值的认识过程。即将被测量与一个同性质的、作为测量单位的标准量进行比较，从而确定被测量是标准量的若干倍或几分之几的比较过程。测量的结果包括大小、符号（正或负）、单位三个要素。

测量的方法多种多样。根据被测量是否随时间变化，测量可分为静态测量和动态测量；根据测量的手段，又可分为直接测量和间接测量等。测量是人类认识事物本质所不可缺少的手段，通过测量和实验，能使人们对事物获得定量的概念，发现事物的规律性。科学上很多新的发现和突破都是以实验测量为基础的。

测量是为了最接近地求取真值。真值是待测物理量客观存在的确定值，也称理论值或定义值。通常真值是无法测得的。当测量的次数无限多时，根据误差的分布定律，正负误差的出现概率相等。再经过消除系统误差，将测量值加以平均，可以获得非常接近于真值的数值。但是实际上测量的次数总是有限的。用有限测量值求得的平均值只能是近似真值，常用的平均值有下列几种。

1. 算术平均值

算术平均值是最常见的一种平均值。设 x_1、x_2、$\cdots$、x_n 为各次测量值，n 代表测量次数，则算术平均值为

$$\overline{x} = \frac{x_1 + x_2 + \cdots + x_n}{n} = \frac{\sum\limits_{i=1}^{n} x_i}{n}$$

2. 几何平均值

几何平均值是将一组 n 个测量值连乘并开 n 次方求得的平均值，即

$$\overline{x_n} = \sqrt[n]{x_1 x_2 \cdots x_n}$$

3. 均方根

均方根公式为

$$RMS = \sqrt{\frac{x_1^2 + x_2^2 + \cdots + x_n^2}{n}} = \sqrt{\frac{\sum\limits_{i=1}^{n} x_i^2}{n}}$$

二、测量误差及其分类

测量值与真值之间的差值称为测量误差，简称误差。

1. 误差的表示方法

利用任何量具或仪器进行测量时，总存在误差，测量结果总不可能准确地等于被测量的真值，而只是它的近似值。根据测量误差的大小来估计测量的准确度。测量结果的误差越小，则认为测量越准确。

（1）绝对误差　测量值 x 和真值 A_0 之差为绝对误差，通常称为误差，记为

$$\Delta = x - A_0$$

由于真值 A_0 一般无法求得，因此上式只有理论意义。常用高一级标准仪器的示值作为实际值 A 以代替真值 A_0。由于高一级标准仪器存在较小的误差，因此 A 不等于 A_0，但总比 x 更接近于 A_0。x 与 A 之差称为仪器的示值绝对误差，记为

$$\Delta = x - A$$

与 Δ 相反的数称为修正值，记为

$$C = -\Delta = A - x$$

（2）相对误差　某一测量值的准确程度，一般用相对误差来表示。示值绝对误差 Δ 与被测量的实际值 A 的百分比值称为实际相对误差，记为

$$\gamma_A = \frac{\Delta}{A} \times 100\%$$

以仪器的示值 X 代替实际值 A 的相对误差称为示值相对误差，记为

$$\gamma_x = \frac{\Delta}{x} \times 100\%$$

一般来说，除了某些理论分析外，用示值相对误差较为合适。

（3）引用误差　为了计算和划分仪表精确度等级，提出引用误差的概念。它的定义为仪表示值的绝对误差与量程范围之比，即

$$\gamma_n = \frac{示值绝对误差}{量程范围} \times 100\% = \frac{\Delta}{x_n} \times 100\%$$

式中　γ_n——引用误差；

Δ——示值绝对误差；

x_n——标尺上限值与标尺下限值之差。

2. 测量仪表的准确度

测量仪表的准确度等级是用最大引用误差（又称允许误差）来标明的。它等于仪表示值中的最大绝对误差与仪表的量程范围之比的百分数，即

$$\gamma_{n,max} = \frac{最大示值绝对误差}{量程范围} \times 100\% = \frac{\Delta_{max}}{x_n} \times 100\%$$

式中　$\gamma_{n,max}$——最大引用误差；

　　　Δ_{max}——仪表示值的最大绝对误差；

　　　x_n——标尺上限值与标尺下限值之差。

测量仪表的准确度等级是国家统一规定的，把允许误差中的百分号去掉，剩下的数字就称为仪表的准确度等级。仪表的准确度等级常以圆圈内的数字显示在仪表的面板上。例如某台压力计的允许误差为 1.5%，则这台压力计电工仪表的准确度等级就是 1.5，通常简称为 1.5 级仪表。我国仪表的准确度等级分为 7 级，分别是 0.1、0.2、0.5、1.0、1.5、2.5、5.0。

仪表的准确度等级为 a，它表明仪表在正常工作条件下，其最大引用误差的绝对值不能超过的界限，即

$$\gamma_{n,max} \leq a$$

由此可知，在应用仪表进行测量时所能产生的最大绝对误差（简称误差限）为

$$\Delta_{max} \leq a\% x_n$$

[例 1-1]　用量程为 5A，准确度为 0.5 级的电流表，分别测量两个电流，$I_1 = 5A$，$I_2 = 2.5A$，I_1 和 I_2 的相对误差为多少？

解答：

$$\gamma_{A1} = a\% \times \frac{I_n}{I_1} = 0.5\% \times \frac{5}{5} = 0.5\%$$

$$\gamma_{A2} = a\% \times \frac{I_n}{I_2} = 0.5\% \times \frac{5}{2.5} = 1.0\%$$

由此可见，当仪表的准确度等级选定时，所选仪表的测量上限越接近被测量的值，测量误差的绝对值就越小。

[例 1-2]　要测量约 90V 的电压，实验室现有 0.5 级 0～300V 和 1.0 级 0～100V 的电压表，选用哪一种电压表进行测量的误差较小？

解答：

用 0.5 级 0～300V 的电压表测量 90V 的相对误差为

$$\gamma_{A1} = a_1\% \times \frac{U_n}{U} = 0.5\% \times \frac{300}{90} = 1.7\%$$

用 1.0 级 0～100V 的电压表测量 90V 的相对误差为

$$\gamma_{A2} = a_2\% \times \frac{U_n}{U} = 1.0\% \times \frac{100}{90} = 1.1\%$$

故选用 1.0 级 0～100V 的电压表进行测量的误差较小。

[例 1-2] 说明，如果选择得当，用量程范围小的 1.0 级仪表进行测量，能得到比用量程范围大的 0.5 级仪表更准确的结果。因此，在选用仪表时，应根据被测量值的大小，在满足被测量数值范围的前提下，尽可能选择量程小的仪表，并使测量值大于所选仪表满刻度的 2/3，即 $x > 2x_n/3$。这样既可以达到减小测量误差的目的，又可以选择准确度等级较低的测

量仪表，从而降低仪表的成本。

3. 误差的分类

根据误差的性质和产生原因，误差一般分为以下三类。

（1）系统误差　系统误差是指在测量和实验中由未确认的因素所引起的误差，而这些因素的影响结果永远朝一个方向偏移，其大小及符号在同一组实验测定中完全相同，当实验条件一经确定，系统误差就获得一个客观上的恒定值。

当改变实验条件时，就能发现系统误差的变化规律。系统误差产生的原因：测量仪器不良，如刻度不准，仪表零点未校正或标准表本身存在偏差等；周围环境的改变，如温度、压力、湿度等偏离校准值；实验人员的习惯和偏向，如读数偏高或偏低等引起的误差。对仪器的缺点、外界条件变化影响的大小、个人的偏向分别加以校正后，系统误差是可以清除的。

（2）随机误差　在已消除系统误差的一切量值的观测中，所测数据仍在末一位或末两位数字上有差别，而且它们的绝对值和符号的变化时大时小、时正时负，没有确定的规律，这类误差称为随机误差，又称偶然误差。随机误差产生的原因不明，因而无法控制和补偿。但是，倘若对某一量值做足够多次的等准确度测量后，就会发现偶然误差完全服从统计规律，误差的大小或正负具有随机性。因此，随着测量次数的增加，随机误差的算术平均值趋近于零，所以多次测量结果的算术平均值将更接近真值。

（3）粗大误差　粗大误差是一种显然与事实不符的误差，它往往是由于实验人员粗心大意、过度疲劳和操作不正确等引起的。此类误差无规则可循，只要加强责任感、细心操作，粗大误差是可以避免的。

4. 精密度、准确度和精确度

（1）精密度　测量中所测得数值重现性的程度，称为精密度。它反映随机误差的影响程度，精密度高表示随机误差小。

（2）准确度　测量值与真值的偏移程度，称为准确度。它反映系统误差的影响程度，准确度高表示系统误差小。

（3）精确度　反映测量中所有系统误差和随机误差综合的影响程度。

在一组测量中，精密度高的测量，它的准确度不一定高；准确度高的测量，它的精密度也不一定高；但若精确度高，则精密度和准确度都高。

为了说明精密度与准确度的区别，可用下述打靶子举例来说明，如图 1-2 所示。图 1-2a 表示测量的精密度和准确度都很好，则精确度高；图 1-2b 表示测量的精密度很好，但准确度却不高；图 1-2c 表示测量的精密度与准确度都不好。

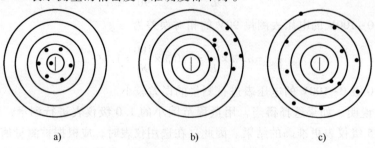

a)　　　　　　　　　　b)　　　　　　　　　　c)

图 1-2　精密度与准确度的区别

项目三　传感器的接口电路

知识点

1）传感器输出信号的特点。

2）常见传感器接口电路。

3）接口电路中干扰及抑制的方法。

技能点

1）掌握常见接口电路的原理。

2）能制作与调试常见的接口电路。

传感器的接口电路用于处理传感器输出的电信号，是传感器与后续电路的连接环节，其性能直接影响整个系统。随着自动测控系统的智能化程度越来越高，对接口电路提出了更高的要求，本项目介绍几个应用广泛的接口电路。

一、传感器输出信号的特点

传感器种类繁多，其输出信号也各不相同。所以，了解传感器输出信号的特点对于接口电路尤其重要。传感器接口电路的特点主要表现在以下几方面。

1）传感器输出信号的形式多样，有电阻、电感、电荷、电压等。

2）传感器输出信号微弱，不易于检测。

3）传感器的输出阻抗较高，会产生较大的信号衰减。

4）传感器输出信号动态范围宽，输出信号会受到环境因素的影响，从而影响测量精确度。

二、常见的传感器接口电路

根据传感器输出信号的不同特点，要采取不同的处理方法。传感器输出信号的处理主要由接口电路来完成，典型的接口电路主要有以下几种。

1. 放大电路

传感器输出信号一般比较微弱，因此在大多数情况下需要使用放大电路。放大电路可将传感器输出的微弱的直流信号或交流信号放大到合适的大小。放大电路一般采用运算放大器。

（1）反相放大器　图1-3所示为反相放大器的基本电路。输入电压加到运算放大器的反相输入端，输出电压经 R_F 反馈到反相输入端。

其输出电压为

$$U_o = -U_i(R_F/R_i)$$

反相放大器的放大倍数取决于 R_F 与 R_1 的比值，负号表示输出电压与输入电压反相。该放大电路应用广泛。

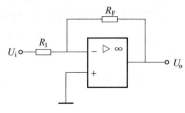

图1-3　反相放大器的基本电路

（2）同相放大器 图1-4所示为同相放大器的基本电路。输入电压加到运算放大器的同相输入端，输出电压经 R_F 反馈到反相输入端。

其输出电压为

$$U_o = (1 + R_F/R_1) U_i$$

同相放大器的放大倍数取决于 R_F 与 R_1 的比值，输出电压与输入电压同相。

（3）差动放大器 图1-5所示为差动放大器的基本电路。两个输入信号分别加到运算放大器的同相输入端和反相输入端，输出电压经 R_F 反馈到反相输入端。

若 $R_1 = R_2$，$R_3 = R_F$，则输出电压为

$$U_o = \frac{R_F}{R_1}(U_2 - U_1)$$

差动放大器的优点是抑制共模信号的能力和抗干扰能力较强。

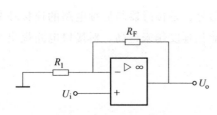

图 1-4　同相放大器的基本电路

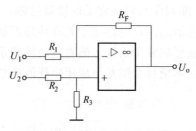

图 1-5　差动放大器的基本电路

2. 阻抗匹配器

传感器的输出阻抗都比较大，比一般电压放大电路的输入阻抗要大得多。若将传感器直接与放大电路进行连接，则信号衰减很大，甚至不能正常工作。因此，传感器接口电路常常使用高输入阻抗、低输出阻抗的阻抗匹配器。常用的阻抗匹配器有半导体阻抗匹配器、场效应管阻抗匹配器和集成电路阻抗匹配器等。

半导体阻抗匹配器实际上是共集电极放大电路，又称为射极输出器。射极输出器的输出相位与输入相位相同，放大倍数略小于1，输入阻抗高，输出阻抗低。场效应管阻抗匹配器的输入阻抗高达 $10^{12}\Omega$ 以上，而且其结构简单、体积小，得到了广泛的应用。

3. 电桥电路

电桥电路是传感器系统中常用的转换电路，主要用来把电阻、电容、电感的变化量转换为电压或电流。根据其供电电源性质的不同，可分为直流电桥、交流电桥。直流电桥主要用于电阻式传感器，交流电桥可用于电阻式传感器、电容式传感器及电感式传感器。

电桥的基本电路如图1-6所示，阻抗 Z 构成电桥电路的桥臂，桥路的一对角线接工作电源，另一对角线是输出端。

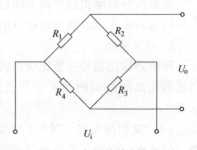

图 1-6　电桥的基本电路

电桥的输出电压为

$$U_o = \frac{R_2 R_4 - R_1 R_3}{(R_1 + R_2)(R_3 + R_4)} U_i$$

当电桥的输出电压为 0V 时，电桥平衡，由此可知电桥的平衡条件为 $R_1 R_3 = R_2 R_4$。

当电桥的四个桥臂的阻抗由被测量引起变化时，电桥平衡被打破，此时电桥的输出电压与被测量有直接对应关系。

4. 电荷放大器

有些传感器输出的信号是电荷量的变化，要将其转换成电压信号，可采用电荷放大器。电荷放大器是一种带电容负反馈的高输入阻抗、高放大倍数的运算放大器。

三、抗干扰技术

在实际检测系统中，传感器的工作环境是比较复杂和恶劣的，其输出信号微弱，并且与电路之间的连接具有一定的距离，这时传送信号的电缆电阻和传感器的内阻及放大电路等产生的干扰，再加上环境噪声，周围的磁场、电场，都会对电路造成干扰，影响其正常工作。

1. 干扰的根源

干扰又称噪声，是传感器系统中混入的无用信号，主要分为内部噪声和外部噪声两部分。内部噪声是由传感器内部元器件产生的；外部噪声是由外部人为因素或自然干扰产生的。

2. 抗干扰技术

把消除或削弱各种干扰的方法，称为抗干扰技术。为了保证传感器电路能最精确地工作，必须削弱或防止干扰的影响。下面介绍几种常见的抗干扰技术。

（1）屏蔽技术　屏蔽技术是利用低电阻材料制成容器形状，将需要防护的部分包起来，割断电场、磁场的耦合通道，防止静电或电磁的相互感应。它主要有静电屏蔽、电磁屏蔽、磁屏蔽、驱动屏蔽等。

（2）接地技术　接地是保证安全的一种方法。一般情况下，接地技术是与屏蔽相关联的。如果接地不当，可能会引起更大的干扰。

接地主要有信号接地、负载接地。在强电技术中，一般将设备外壳和电网零线接大地；弱电技术中，把电信号的基准电位点称为"地"，依据"一点接地"原则，将电路中不同的地线接入同一点。

（3）其他抗干扰技术

1）选用质量好的元器件。

2）浮置，又称浮空，是指电路的公共线不接机壳也不接大地的一种抗干扰技术。

3）滤波，滤除无用的频率信号。滤波器分为低通滤波器、高通滤波器、带通滤波器、带阻滤波器。

素养提升

从文献资料中可知，我国传感器产业经过几十年的发展，已经形成了传感器的设计、研发、制造、生产和应用的一系列体系，各类市场基本能满足国内市场的 80% 的需求，而且有些传感器处于世界领先地位。我国传感器产业的迅速发展离不开老一辈传感器产业研究人员兢兢业业、努力进取的敬业精神和工匠精神，这也是同学们在课程的学习过程中需要逐渐培养的可贵精神。

同时，我国的传感器产业在一些高精尖的领域方面还与世界先进水平存在较大差距。以往成绩的取得是老一辈研究人员努力奋斗的结果，新的成绩的创造需要无数年轻人去努力。

因此，我们要继往开来，接过前辈们手中的火炬，尊重科学，实事求是，努力进取，不断进步，保持严肃认真、一丝不苟的精神，提高创新意识，树立爱国主义精神和社会责任感，争取为传感器技术的发展贡献力量。

复习与训练

1. 现有 0.5 级（0~300℃）的和 1.0 级（0~100℃）的两个温度计，要测量 80℃ 的温度，试问采用哪个温度计好？

2. 测量 240V 的电压，要求测量示值相对误差的绝对值不大于 0.6%，问：若选用量程为 0~250V 的电压表，其准确度等级应为哪一级？

3. 说明系统误差、随机误差、粗大误差的主要特点。

4. 已知某位移传感器，其理想输入-输出特性为 $U = 8x$。U 为输出电压，x 为输入位移，实际测量数据见表 1-2。

（1）求最大绝对误差、相对误差，并指出其测量点。

（2）若显示仪表量程为 50mV，求其准确度等级。

表 1-2　实际测量数据

输入位移/mm	0	1	2	3	4	5
输出电压/mV	0.1	7.00	14.01	20.07	29.02	35.03

5. 什么是线性度？已知某仪器的输入-输出特性见表 1-3，计算其线性度。

表 1-3　某仪器输入-输出特性

输入电流/mA	0	1	2	3	4	5	6	7	8	9	10
输出电压/mV	0	5.00	10.01	15.02	20.01	25.03	30.00	35.02	40.01	45.00	50.01

6. 什么叫传感器？传感器由哪几部分组成？它在自动控制系统中起什么作用？

7. 什么是传感器的静态特性？它由哪些技术指标描述？

8. 有一台测量压力的仪表，测量范围为 0~10MPa，压力 p 与仪表输出电压之间的关系为 $U_o = a_0 + a_1 p + a_2 p^2$，式中 $a_0 = 1V$，$a_1 = 0.6V/MPa$，$a_2 = -0.02V/MPa^2$。

求：

（1）该仪表的输出特性方程。

（2）画出输出特性曲线。

（3）该仪表的灵敏度表达式。

（4）计算 $p_1 = 2MPa$ 和 $p_2 = 8MPa$ 时的灵敏度 K_1、K_2。

（5）画出灵敏度曲线图。

（6）求该仪表的线性度。

9. 传感器接口电路的作用是什么？

10. 常见接口电路有哪些？各有什么功能？

11. 干扰有哪些？常见的抗干扰技术主要有哪些？

模块二

温度传感器的应用

温度是衡量物体（或物质）冷热程度的物理量，是工农业实际生产中经常需要测试的参数，应用非常广泛，尤其是在冶金、石化、发酵、孵化等行业，温度是影响生产成败和产品质量的重要工艺参数，是测量和控制的重点内容。有些电子产品还需对它们自身的温度进行测量，如计算机要监控中央处理器（CPU）的温度，电动机控制器要知道功率驱动 IC 的温度等。能够把温度的变化转化为电量（电压、电流或阻抗等）变化的传感器称为温度传感器。用来测量温度的传感器种类很多，常用的有热敏电阻温度传感器、热电阻温度传感器、PN 结温度传感器、热电偶温度传感器及为简化测量电路而开发的集成温度传感器。

衡量温度高低的尺度称为温度标尺，简称温标，它规定了温度的零点和基本测量单位。目前国际上使用较多的温标是：热力学温标和摄氏温标。热力学温标的单位是 K，摄氏温标的单位是℃，两者的关系是：$0℃ \approx 273.2K$。

知识点

1）温度传感器的概念、组成和原理。
2）温度传感器的类型及特点。
3）温度传感器的应用领域。

技能点

1）会选择合适的温度传感器。
2）会设计温度传感器的接口电路。
3）会调试和校准温度传感器系统。

模块学习目标

通过本模块的学习，掌握不同类型温度传感器的原理、类型和特点，了解温度传感器在不同领域的应用，会选择合适的温度传感器并设计相应的接口电路；在实际应用中，需要对温度传感器系统进行调试和校准，确保其准确度和稳定性；掌握温度传感器系统的调试和校准方法，能够在实际工作中应用温度传感器进行温度监测和控制。

项目一　热敏电阻温度传感器在指针式温度表中的应用

知识点

1）热敏电阻温度传感器的分类和特性。

2）热敏电阻温度传感器的测温方法。

3）测温电路的原理。

技能点

1）能正确选用热敏电阻温度传感器。

2）掌握测温电路的调试方法。

项目目标

制作一块指针式温度表，以热敏电阻为传感器，测温范围为 20～30℃，误差不大于 ±1℃。通过热敏电阻温度传感器测温电路的制作和调试，掌握热敏电阻温度传感器的特性、电路原理和调试技能。

知识储备

一、热敏电阻的温度特性

热敏电阻由金属氧化物或陶瓷半导体材料经成形、烧结等工艺制成或由碳化硅材料制成，如图 2-1 所示。热敏电阻按特性可分为两类：一类是正温度系数热敏电阻（PTC），它的电阻值随温度升高而增大；另一类是负温度系数热敏电阻（NTC），它的电阻值随温度的升高而减小。

温度传感器简介

NTC 热敏电阻的阻值 R_t 与温度 T 之间的关系式为

$$R_t = R_0 \times \exp\left[B\left(\frac{1}{T} - \frac{1}{T_0} \right) \right]$$

式中　R_0——热力学温度为 T_0 时的电阻值；

热敏电阻

　　　　B——常数，一般为 3000～5000。

不同型号 NTC 热敏电阻的测温范围不同，一般为 -50～300℃。

图 2-2 所示为热敏电阻的温度特性曲线，可以看到，电阻-温度曲线是非线性的。

图 2-1　热敏电阻

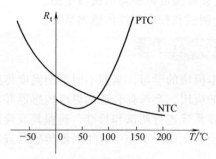

图 2-2　热敏电阻的温度特性曲线

二、热敏电阻温度传感器的优缺点

1. 优点

热敏电阻温度传感器灵敏度高，即温度每变化 1℃ 时电阻值的变化量大，价格低廉。

2. 缺点

1）线性度较差，尤其是突变型正温度系数热敏电阻的线性度很差，通常作为开关器件用于温度开关、限流或加热元件；负温度系数热敏电阻经过采取工艺措施，线性特性有所改善，在一定温度范围内可近似为线性，可用于小温度范围内的低精度测量，如空调器、电冰箱等。

2）互换性差。由于制造上的分散性，同一型号不同个体的热敏电阻的特性不尽相同，R_0 相差 3%~5%，B 值相差 3% 左右。通常测试仪表和传感器由厂方配套调试、供应，出厂后不可互换。

3）存在老化、阻值缓变现象。因此，以热敏电阻为传感器的仪表一般每 2~3 年需要校验一次。

项目分析

热敏电阻是一种价格便宜、应用广泛的测温传感器，在家用电器、生活类电子产品中使用较多。热敏电阻主要分为正温度系数热敏电阻（PTC）和负温度系数热敏电阻（NTC）两种类型，在测温电路中用得较多的是 NTC 热敏电阻，PTC 热敏电阻主要用于温度补偿。

国产热敏电阻的型号以 MF 开头，其名称的含义见表 2-1。

表 2-1　热敏电阻名称的含义

主　称		类　别		后续数字的含义									
主称称号	含义	类别符号	含义	0	1	2	3	4	5	6	7	8	9
M	敏感电阻器	Z	PTC		普通用	限流用		延迟用	测温用	控温用	消磁用		恒温用
		F	NTC	特殊用	普通用	稳压用	微波测量用	旁热式	测温用	控温用	抑制浪涌	线性型	

如 MF58 表示 NTC 测温型热敏电阻。热敏电阻的型号很多，如某厂生产的 NTC 热敏电阻规格型号见表 2-2，阻温特性见表 2-3。

表 2-2　部分热敏电阻规格型号一览表

型　号	标称电阻值		B 值	
	R_{25}/kΩ	精度	（25/50℃）/K	精度
MF58-502-3270	5	±1%	3270	±1%
MF58-502-3380	5	±2%	3380	±2%
MF58-502-3470	5	±3%	3470	
MF58-502-3900	5	±5%	3950	
MF58-103-3360	10		3360	
MF58-103-3380	10		3380	
MF58-103-3435	10		3435	
MF58-103-3470	10		3470	
MF58-103-3600	10		3600	
MF58-103-3900	10		3900	

（续）

型　号	标称电阻值		B 值	
	R_{25}/kΩ	精度	(25/50℃)/K	精度
MF58-103-3950	10		3950	
MF58-103-4100	10		4100	
MF58-153-3950	15		3950	
MF58-203-3950	20		3950	
MF58-223-3950	22		3950	
MF58-303-3950	30		3950	
MF58-473-3950	47		3950	
MF58-503-3900	50		3900	
MF58-503-3950	50		3950	
MF58-503-3990	50		3990	
MF58-104-3900	100		3900	
MF58-104-3925	100		3925	
MF58-104-3950	100		3950	
MF58-104-4200	100		4200	
MF58-154-3950	150		3950	
MF58-204-3899	200		3899	
MF58-204-4260	200		4260	
MF58-234-4260	230		4537（100/200℃）	
MF58-504-4260	500		4260	
MF58-504-4300	500		4300	
MF58-105-4400	1000		4400	
MF58-135-4400	1300		4400	
MF58-1.388M-4400	1388		4400	
MF58-1.388M-4600	1388		4600	

注：B 值为热敏电阻的材料常数。

表 2-3　部分热敏电阻的阻温特性（温度系数）

温度/℃	电阻/kΩ	3	5	5	10	10	10	50	100	150
	B 值	3300	3325	3990	3435	3670	3950	3990	3950	3950
−30		31.70	52.84	90.83	111.30	133.63	181.7	991.35	2056.7	3942.8
−25		24.75	41.19	66.65	86.39	101.60	133.5	723.36	1502.2	2787.1
−20		19.46	32.44	49.44	67.74	77.93	98.99	533.09	1107.0	1992.8
−15	温度系数	15.41	25.65	37.05	53.39	60.29	74.06	396.64	822.68	1440.3
−10		12.29	20.48	28.03	42.45	47.02	56.06	297.80	616.42	1051.9
−5		9.86	16.43	21.40	33.89	36.95	42.81	225.57	465.45	775.83
0		7.97	13.29	16.48	27.28	29.24	32.96	172.0	352.4	576.7

（续）

温度/℃	电阻/kΩ	3	5	5	10	10	10	50	100	150
	B 值	3300	3325	3990	3435	3670	3950	3990	3950	3950
5		6.49	10.80	12.79	22.05	23.31	25.57	132.2	270.0	433.2
10		5.30	8.84	10.00	17.96	18.69	20.00	102.4	208.3	328.4
15		4.36	7.27	7.88	14.68	15.09	15.76	80.03	161.9	250.9
20		3.61	6.01	6.26	12.09	12.25	12.51	63.00	126.7	193.3
25		3.00	5.00	5.00	10.00	10.00	10.00	50.00	100.0	150.0
30		2.51	4.18	4.02	8.31	7.93	8.048	39.76	78.35	117.3
35		2.11	3.51	3.26	6.94	6.77	6.517	31.89	62.37	92.28
40	温	1.78	2.96	2.66	5.83	5.62	5.321	25.73	49.94	73.11
45	度	1.51	2.51	2.18	4.91	4.69	4.356	20.88	40.22	58.28
50	系	1.28	2.14	1.79	4.16	3.93	3.588	17.04	32.56	46.74
55	数	1.10	1.83	1.49	3.54	3.30	2.972	13.999	26.40	37.71
60		0.94	1.57	1.24	3.02	2.79	2.467	11.53	21.53	30.58
65		0.81	1.35	1.04	2.59	2.37	2.073	9.541	17.69	24.94
70		0.70	1.17	0.87	2.23	2.02	1.734	7.929	14.62	20.45
75		0.61	1.01	0.74	1.92	1.73	1.473	6.621	12.10	16.85
80		0.53	0.88	0.62	1.67	1.49	1.250	5.552	10.05	13.94
85		0.46	0.77	0.53	1.45	1.28	1.065	4.674	8.376	11.60
90		0.41	0.68	0.46	1.23	1.11	0.911	3.950	7.004	9.680
95		0.36	0.60	0.39	1.11	0.96	0.7824	3.349	5.894	8.118
100		0.32	0.53	0.34	0.97	0.84	0.6744	2.849	4.978	6.836
105		0.28	0.47	0.29	0.86	0.73	0.5834	2.438	4.215	5.780
110		0.25	0.41	0.25	0.76	0.64	0.5066	2.093	3.580	4.904

从表中可以看出，热敏电阻的灵敏度取决于其温度系数和 B 值。温度系数是指热缴电阻电阻值随温度变化的变化率。温度系数越大，说明热敏电阻对温度变化的响应越敏感，灵敏度越高。因此，在需要更高灵敏度的应用中，可以选择具有较大温度系数的热敏电阻。B 值是指热敏电阻的温度特性曲线斜率。B 值越大，说明热敏电阻的电阻值变化在给定温度范围内越剧烈。因此，具有较大 B 值的热敏电阻可以提供较大的电阻变化范围，从而提高了灵敏度。

当热敏电阻标称电阻值相同时，B 值越大，温度系数也大，则其灵敏度越高，因此在应用热敏电阻时，应根据需要进行选择。如果需要更高的灵敏度和更大的电阻变化范围，可以选择具有较大温度系数和 B 值的热敏电阻。另外，还需要考虑其他因素，如温度范围、响应时间、精度要求等。总之，根据热敏电阻的温度系数和 B 值来选择和应用热敏电阻，可以实现不同灵敏度的温度测量和控制。

由于生产热敏电阻的厂家很多，有些制造厂商对热敏电阻的命名并不是以 M 开头，而是以 KC 或 KH 开头，详细情况可参阅相关资料。

项目实施

热敏电阻温度传感器的测温电路如图 2-3 所示。

1. 电路原理

由固定电阻 R_1、R_2、热敏电阻 R_t 及 R_3+VR$_1$ 构成测温电桥，把温度的变化转化成微弱的电压变化；再由运算放大器 LM358 进行差动放大；运算放大器的输出端接 5V 的直流电压表头，用来显示温度值。电阻 R_1 与热敏电阻 R_t 的节点接运算放大器的反相输入端，当被测温度升高时，该点电位降低，运算放大器的输出电压升高，表头指针偏转角度增大，指示较高的温度值；反之，当被测温度降低时，表头指针偏转角度减小，指示较低的温度值。

VR$_1$ 用于调零；VR$_2$ 用于调节运算放大器的增益，即分度值。

2. 所需材料及设备

所需材料及设备包括热敏电阻温度传感器、集成运算放大器 LM358、5kΩ 微调电位器、5V 直流电压表头、6V 稳压电源、实验板、电阻、水银温度计、盛水容器（为了减缓温度的变化速度，盛水量应不少于 1L）等。热敏电阻温度传感器测温电路与 LM358 引脚图如图 2-3 所示。

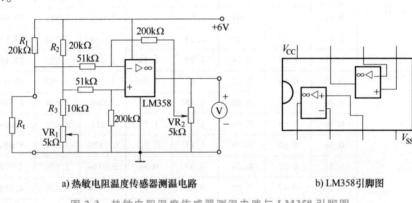

a) 热敏电阻温度传感器测温电路　　　　　　　b) LM358引脚图

图 2-3　热敏电阻温度传感器测温电路与 LM358 引脚图

按图 2-3a 所示将电路焊接在实验板上，认真检查电路，正确无误后接好热敏电阻和电压表头。

3. 电路制作

按图 2-3 将电路焊接在实验板上，认真检查电路，确认正确无误后连接热敏电阻和直流电压表头。

4. 调试

准备盛水容器、冷水、60℃以上热水、水银温度计、搅棒等。调试步骤如下。

1）把传感器和水银温度计放入盛水容器中，接通电路电源。加入冷水和热水，并不断搅动，通过调节冷、热水比例使水温为 20℃，调节电路的 VR$_1$ 使表头指针正向偏转，然后回调 VR$_1$ 使指针返回，指针刚刚指到 0V 刻度上时停止调节（表头指示的起点为 20℃）。

2）容器中加热水和冷水，并不断搅动，把水温调整到 30℃，通过调节电路的 VR$_2$ 使表头指针指在 5V 刻度上。

3）重复 1）、2）步骤 2~3 次，调试完成。电压表头指示的电压值乘以 2 再加上 20 就等于所测温度。

4）检验在 20~30℃ 范围内的任一温度点，水银温度计的读数与指针式温度表的读数是否一致，误差应不大于 ±1℃。

注意：调试过程中要不断搅动，以使传感器与水银温度计感受同一温度，同时要等水银温度计的读数稳定后再调试电路。

由于热敏电阻是一个电阻，电流流过它时会产生一定的热量，因此设计电路时应确保流过热敏电阻的电流不能太大，以防止热敏电阻自热过度，否则系统测量的是热敏电阻发出的热度，而不是被测介质的温度。

项目二　PN 结温度传感器在温度表中的应用

📷 知识点

1）PN 结温敏特性。
2）PN 结温度传感器的测温方法。
3）测温电路的原理。

📷 技能点

1）能正确使用 PN 结温度传感器。
2）掌握测温电路的调试方法。

📷 项目目标

以二极管 PN 结为传感器，制作一指针式温度表，测温范围为 0~100℃，误差不大于 ±1℃。通过 PN 结温度传感器测温电路的制作和调试，掌握 PN 结温度传感器的特性、电路原理和调试技能。

📷 知识储备

一、PN 结温度传感器的特性

二极管或晶体管的 PN 结的正向导通压降称为 PN 结电压，硅管的 PN 结电压常温下约为 0.7V，并且大小随温度升高而减小，温度每升高 1℃，PN 结电压约降低 1.8~2.2mV（随个体不同而异），灵敏度高。PN 结温度传感器在 -50~150℃ 范围内具有较好的线性特性，热时间常数约为 0.2~2s，是廉价的温度传感器，测温范围为 -50~150℃。PN 结温度传感器的温度特性曲线如图 2-4 所示。

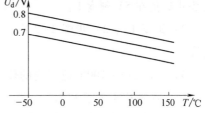

图 2-4　PN 结温度传感器的温度特性曲线

二、PN 结温度传感器的优缺点

优点：灵敏度高、线性好、价格低廉。

缺点：特性随个体不同而有差异，一致性差。

🔷 项目分析及项目实施

PN 结温度传感器的测温电路如图 2-5 所示。

1. 电路原理

由固定电阻 R_1、R_2、PN 结 VD_t 及 R_3 + VR_1 构成测温电桥，把温度的变化转化成微弱的电压变化；再由运算放大器 LM358 进行差动放大；运算放大器的输出端接 5V 的直流电压表头，用来显示温度值。电阻 R_1 与 PN 结 VD_t 的节点接运算放大器的反相输入端，当被测温度升高时该节点电位降低，运算放大器的输出电压升高，表头指针偏转角度增大，指示较高的温度值；反之，当被测温度降低时，表头指针偏转角度减小，指示较低的温度值。

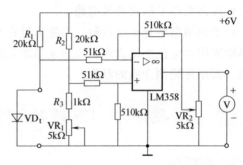

图 2-5　PN 结温度传感器的测温电路

VR_1 用于调零；VR_2 用于调节运算放大器的增益，即分度值。

2. 所需材料及设备

二极管 1N4148（做温度传感器）、集成运算放大器 LM358、5kΩ 微调电位器、5V 电压表头、6V 稳压电源、实验板、电阻、水银温度计、盛水容器（为了减缓温度的变化速度，盛水量应不少于 1L）、冰块、加热装置等。

3. 电路制作

按图 2-5 所示将电路焊接在实验板上，认真检查电路，确认正确无误后连接温度传感器（注意极性不要接错）和电压表头。

4. 调试

准备盛水容器、冰块、冷水、水银温度计、搅棒等。调试步骤如下。

1）把传感器和水银温度计放入盛水容器中，接通电路电源。加入冷水和冰块，并不断搅动，使水温保持 0℃，调节电路的 VR_1，使表头指针指在 0V 刻度上。

2）容器中加热水并加热，不断搅动，当水沸腾（100℃）时，通过调节电路的 VR_2 使表头指针指在 5V 刻度上。

3）重复 1）、2）步骤 2~3 次，调试完成。电压表头指示的电压值乘以 20 就等于所测温度。

4）检验在 0~100℃ 范围内的任一温度点，水银温度计的读数与指针式温度表的读数是否一致，误差应不大于 ±1℃。

注意：调试过程中要不断搅动，以使传感器与水银温度计感受同一温度，同时要等水银温度计的读数稳定后再调试电路。通过 PN 结温度传感器的电流一般为 0.1~0.3mA，不可过大，否则会因为其发热而影响精度。

项目三　AD590 温度传感器在温度测量中的应用

知识点

1）AD590 温度传感器的特性。
2）AD590 温度传感器的测温方法。
3）测温电路的原理。

技能点

1）能正确使用 AD590 温度传感器。
2）掌握测温电路的调试方法。

项目目标

以 AD590 为传感器，制作一数字显示温度表，测温范围为 0~100℃，误差不大于±1℃。通过 AD590 温度传感器测温电路的制作和调试，掌握 AD590 温度传感器的特性、电路原理和调试技能。

知识储备

集成温度传感器

晶体管的发射结正向压降的不饱和值 V_{re} 与热力学温度 T、通过发射极的电流 I 存在下述关系

$$V_{re} = (kT/q)\ln I$$

式中　k——玻耳兹曼常数；

　　　q——电子电荷绝对值。

集成温度传感器以晶体管的发射结作为温度敏感器件，并将信号放大电路、调理电路，甚至 A/D 转换或 U/f 转换电路等集成在一个芯片上。按输出信号的不同，集成温度传感器可分为以电压、电流、频率或周期形式输出的模拟集成温度传感器和以数字量形式输出的数字集成温度传感器。

集成温度传感器的优点是使用简便、价格低廉、线性好、误差小，适合远距离测量，可控温、免调试等。

一、模拟集成温度传感器

1. 电流输出式集成温度传感器

电流输出式集成温度传感器的特点是输出电流与热力学温度（或摄氏温度）成正比，电流温度系数的单位为 μA/K（或 1μA/℃），典型产品有 AD590、AD592、TMP17 集成温度传感器等，图 2-6 所示为 AD590 的外形图，其灵敏度为 1μA/K。

2. 电压输出式集成温度传感器

电压输出式集成温度传感器的特点是输出电压与热力学温度（或摄氏温度）成正比，电压温度系数为 mV/K（或 mV/℃），典

图 2-6　AD590 外形图

型产品有 LM334、LM35、TMP37 等。以热力学温度定标，电压输出式集成温度传感器的灵敏度是 10mV/K。

二、数字集成温度传感器

数字集成温度传感器，又称智能温度传感器，它内含温度传感器、A/D 转换器、存储器（或寄存器）和接口电路，采用了数字化技术，能以数字形式输出被测温度值，具有测温误差小、分辨力高、抗干扰能力强、能远距离传输、能越限温度报警、带串行总线接口、适配各种微处理器等优点。

按输出的串行总线类型，数字集成温度传感器分为单线总线（1-Wire，如 DS18 B20）、二线总线（包括 SMBus、I_2C 总线，如 AD7416）和四线总线（SPI 总线，如 LM15）几种类型。典型数字集成温度传感器的主要技术指标见表 2-4。

表 2-4　典型数字集成温度传感器的主要技术指标

型　　号	最大测量误差/℃	测量范围/℃	电源电压/V	总线类型	生产厂商
DS18 B20	±0.5	−55~125	3.0~5.5	1-Wire	DALLAS
DS1624	±0.5	−55~125	3.0~5.0	I_2C 总线	
AD7416	±2.0	−55~125	2.7~5.5	I_2C 总线	ADI
AD7814	±2.0	−55~125	2.7~5.5	SPI 总线	
LM74	±3.0	−55~125	3.0~5.0	SPI 总线	NSC
LM75	±3.0	−25~100	3.0~5.0	I_2C 总线	
MAX6625	±3.0	−55~125	3.0~5.5	I_2C 总线	MAXIM
MAX6654	±3.0	−55~125	3.0~5.5	SMBus	

项目分析

AD590 是由美国模拟器件公司（ADI）生产的电流输出式集成温度传感器，它将温度转换成标准电流输出，后缀以 I、J、K、L、M 表示精度，一般用于高精度温度测量电路，其封装形式有三种，如图 2-7 所示，常用的为 TO-52 封装形式。

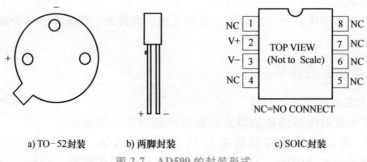

a) TO-52封装　　b) 两脚封装　　c) SOIC封装

图 2-7　AD590 的封装形式

AD590 的参数主要有：

工作电压：4~30V；

工作温度：−55~150℃；

保存温度：−65~175℃；

正向电压：44V；

反向电压：-20V；

焊接温度：（10s）300℃；

灵敏度：1μA/K。

当温度为25℃时，其输出电流为298.2μA，若使用AD590测温并以摄氏度表示时，则要通过调零电路（最简单的为电桥）来实现，使0℃时输送到放大电路的净输入电压为0V。

项目实施

AD590温度传感器的测温电路与AD590引脚图如图2-8所示。

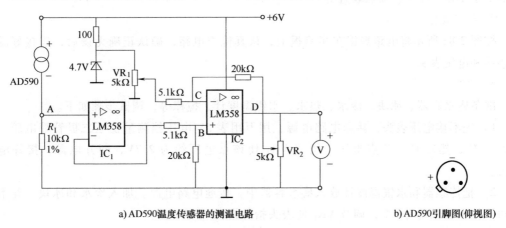

a) AD590温度传感器的测温电路　　　　　　b) AD590引脚图(仰视图)

图2-8　AD590温度传感器的测温电路与AD590引脚图

1. 电路原理

电源正极经AD590后串联10kΩ的精密电阻R_1（误差不大于1%）后接地，以把AD590输出的随温度变化而变化的电流信号转化成电压信号，即A点的电压。温度与A点电压的关系见表2-5。温度每变化1℃，AD590的输出电流变化1μA，在电阻R_1上引起的电压变化就等于10mV，于是灵敏度为10mV/℃。为了增大后续运算放大器的输入阻抗，减小对R_1上电压信号的影响，转化后的电压信号经电压跟随器IC_1后到差动运算放大器IC_2的同相输入端，此时B点的电压等于A点电压。由于AD590是按热力学温度分度的，0℃时的输出电流不等于0A，而是273.2μA，经10kΩ电阻转换后的电压为2.732V，因此需给IC_2的反相输入端C加上2.732V的固定电压进行差动放大，以使0℃时运算放大器的输出电压为0V。

表2-5　温度与A点电压的关系

温度/℃	AD590的输出电流/μA	经10kΩ电阻后的转换电压/V
0	273.2	2.732
10	283.2	2.832
20	293.2	2.932
30	303.2	3.032
40	313.2	3.132
50	323.2	3.232
60	333.2	3.332
100	373.2	3.732

温度在 0~100℃ 变化时放大器输入端电压信号的变化范围为：$\Delta U_i = 3.732V - 2.732V = 1.0V$。

要求输出端电压变化为：$\Delta U_o = 5.0V - 0V = 5.0V$。

所以运算放大器的放大倍数应为：$A_v = \Delta U_o / \Delta U_i = 5.0/1.0 = 5$。

输出端接 5V 的直流电压表头，用来显示温度值；也可以用数字电压表头，实现温度的数字显示。VR_1 用于调零；VR_2 用于调节放大器的增益，即分度值。

2. 所需材料及设备

AD590 温度传感器、集成运算放大器 LM358、5kΩ 微调电位器、5V 电压表头、万用表、6V 稳压电源、实验板、电阻、水银温度计、盛水容器（为了减缓温度的变化速度，盛水量应不少于 1L）、冰块、加热装置等。

3. 电路制作

按图 2-8a 所示将电路焊接在实验板上，认真检查电路，确认正确无误后，连接好温度传感器和电压表头。

4. 调试

准备盛水容器、冰块、冷水、热水、水银温度计、搅棒等，调试步骤如下。

1）先不接电压表头，接通电路电源，用万用表 5V 电压档测量稳压二极管端电压，应约为 4.7V，然后测量 C 点电压，调节 VR_1 使该点电压约为 2.7V，断开电源，接好电压表头。

2）把传感器和水银温度计放入盛水容器中，接通电路电源。加入冷水和冰块，并不断搅动，使水温保持为 0℃，调节 VR_1 使表头指针指在 0V 刻度上。

3）容器中加热水并加温，不断搅动，当水沸腾（100℃）时，通过调节电路的 VR_2 使表头指针指在 5V 刻度上。

4）重复 2）、3）步骤 2~3 次，调试完成。电压表头指示的电压值乘以 20 就等于所测温度。

5）检验在 0~100℃ 范围内的任一温度点，水银温度计的读数与指针式温度表的读数是否一致，误差应不大于 ±1℃。

注意：调试过程中要不断搅动，以使传感器与水银温度计感受同一温度，同时要等水银温度计的读数稳定后再调试电路。

知 识 链 接

一、热电阻温度传感器

热电阻大都由纯金属材料制成，用铜、铂或镍丝绕在陶瓷或云母基板上或是采用电镀或溅射的方法将某种金属涂敷在陶瓷类材料基板上形成的薄膜线制成。目前应用最多的是铂和铜。图 2-9 所示为铂热电阻元件，图 2-10 所示为法兰式铠装热电阻。热电阻温度传感器的原理是：金属材料的电阻率随温度变化而变化，使它的电阻值随温度变化而变化，并且当温度升高时电阻值增大，温度降低时电阻值减小。对于特定的热电阻，电阻值与温度之间建立了单值函数关系，只要测得其电阻值便可得出它的温度。

图 2-9　铂热电阻元件

图 2-10　法兰式铠装热电阻

1. 热电阻的特性

对于绝大多数金属导体，其电阻值随温度变化的特性可由下式表示

$$R_t = R_0 [1 + \alpha (T - T_0)]$$

式中　R_t——金属导体在温度为 T（℃）时的电阻值；

　　　R_0——金属导体在温度为 0℃ 时的电阻值；

　　　α——电阻温度系数（1/℃）。

对于绝大多数金属导体，在一定温度范围内，α 可近似为常数，不同金属导体的 α 值保持为常数时所对应的温度范围也不尽相同，因此在一定温度范围内，R_t 与 T 可近似为线性关系。图 2-11 所示为热电阻的温度特性曲线。

热电阻已经标准化，通常以材料 0℃ 时的电阻值作为标称规格，如 Pt100、Cu50。表 2-6 为 Pt100 铂电阻的分度表。

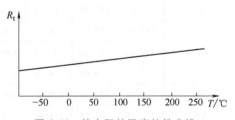

图 2-11　热电阻的温度特性曲线

表 2-6　Pt100 铂电阻分度表

温度/℃	0	1	2	3	4	5	6	7	8	9
	电阻值/Ω									
−200	18.52	—	—	—	—	—	—	—	—	—
−190	22.83	22.40	21.97	21.54	21.11	20.68	20.25	19.82	19.38	18.95
−180	27.10	26.67	26.24	25.82	25.39	24.97	24.54	24.11	23.68	23.25
−170	31.34	30.91	30.49	30.07	29.64	29.22	28.80	28.37	27.95	27.52
−160	35.54	35.12	34.70	34.28	33.86	33.44	33.02	32.60	32.18	31.76
−150	39.72	39.31	38.89	38.47	38.05	37.64	37.22	36.80	36.38	35.96
−140	43.88	43.46	43.05	42.63	42.22	41.80	41.39	40.97	40.56	40.14
−130	48.00	47.59	47.18	46.77	46.36	45.94	45.53	45.12	44.70	44.29
−120	52.11	51.70	51.29	50.88	50.47	50.06	49.65	49.24	48.83	48.42
−110	56.19	55.79	55.38	54.97	54.56	54.15	53.75	53.34	52.93	52.52

（续）

温度/℃	0	1	2	3	4	5	6	7	8	9
	电阻值/Ω									
−100	60.26	59.85	59.44	59.04	58.63	58.23	57.82	57.41	57.01	56.60
−90	64.30	63.90	63.49	63.09	62.68	62.28	61.88	61.47	61.07	60.66
−80	68.33	67.92	67.52	67.12	66.72	66.31	65.91	65.51	65.11	64.70
−70	72.33	71.93	71.53	71.13	70.73	70.33	69.93	69.53	69.13	68.73
−60	76.33	75.93	75.53	75.13	74.73	74.33	73.93	73.53	73.13	72.73
−50	80.31	79.91	79.51	79.11	78.72	78.32	77.92	77.52	77.12	76.73
−40	84.27	83.87	83.48	83.08	82.69	82.29	81.89	81.50	81.10	80.70
−30	88.22	87.83	87.43	87.04	86.64	86.25	85.85	85.46	85.06	84.67
−20	92.16	91.77	91.37	90.98	90.59	90.19	89.80	89.40	89.01	88.62
−10	96.09	95.69	95.30	94.91	94.52	94.12	93.73	93.34	92.95	92.55
0	100.00	99.61	99.22	98.83	98.44	98.04	97.65	97.26	96.87	96.48
0	100.00	100.39	100.78	101.17	101.56	101.95	102.34	102.73	103.12	103.51
10	103.90	104.29	104.68	105.07	105.46	105.85	106.24	106.63	107.02	107.40
20	107.79	108.18	108.57	108.96	109.35	109.73	110.12	110.51	110.90	111.29
30	111.67	112.06	112.45	112.83	113.22	113.61	114.00	114.38	114.77	115.15
40	115.54	115.93	116.31	116.70	117.08	117.47	117.86	118.24	118.63	119.01
50	119.40	119.78	120.17	120.55	120.94	121.32	121.71	122.09	122.47	122.86
60	123.24	123.63	124.01	124.39	124.78	125.16	125.54	125.93	126.31	126.69
70	127.08	127.46	127.84	128.22	128.61	128.99	129.37	129.75	130.13	130.52
80	130.90	131.28	131.66	132.04	132.42	132.80	133.18	133.57	133.95	134.33
90	134.71	135.09	135.47	135.85	136.23	136.61	136.99	137.37	137.75	138.13
100	138.51	138.88	139.26	139.64	140.02	140.40	140.78	141.16	141.54	141.91
110	142.29	142.67	143.05	143.43	143.80	144.18	144.56	144.94	145.31	145.69
120	146.07	146.44	146.82	147.20	147.57	147.95	148.33	148.70	149.08	149.46
130	149.83	150.21	150.58	150.96	151.33	151.71	152.08	152.46	152.83	153.21
140	153.58	153.96	154.33	154.71	155.08	155.46	155.83	156.20	156.58	156.95
150	157.33	157.70	158.07	158.45	158.82	159.19	159.56	159.94	160.31	160.68
160	161.05	161.43	161.80	162.17	162.54	162.91	163.29	163.66	164.03	164.40
170	164.77	165.14	165.51	165.89	166.26	166.63	167.00	167.37	167.74	168.11
180	168.48	168.85	169.22	169.59	169.96	170.33	170.70	171.07	171.43	171.80
190	172.17	172.54	172.91	173.28	173.65	174.02	174.38	174.75	175.12	175.49
200	175.86	176.22	176.59	176.96	177.33	177.69	178.06	178.43	178.79	179.16
210	179.53	179.89	180.26	180.63	180.99	181.36	181.72	182.09	182.46	182.82
220	183.19	183.55	183.92	184.28	184.65	185.01	185.38	185.74	186.11	186.47
230	186.84	187.20	187.56	187.93	188.29	188.66	189.02	189.38	189.75	190.11

（续）

温度/℃	0	1	2	3	4	5	6	7	8	9
	电阻值/Ω									
240	190.47	190.84	191.20	191.56	191.92	192.29	192.65	193.01	193.37	193.74
250	194.10	194.46	194.82	195.18	195.55	195.91	196.27	196.63	196.99	197.35
260	197.71	198.07	198.43	198.79	199.15	199.51	199.87	200.23	200.59	200.95
270	201.31	201.67	202.03	202.39	202.75	203.11	203.47	203.83	204.19	204.55
280	204.90	205.26	205.62	205.98	206.34	206.70	207.05	207.41	207.77	208.13
290	208.48	208.84	209.20	209.56	209.91	210.27	210.63	210.98	211.34	211.70
300	212.05	212.41	212.76	213.12	213.48	213.83	214.19	214.54	214.90	215.25
310	215.61	215.96	216.32	216.67	217.03	217.38	217.74	218.09	218.44	218.80
320	219.15	219.51	219.86	220.21	220.57	220.92	221.27	221.63	221.98	222.33
330	222.68	223.04	223.39	223.74	224.09	224.45	224.80	225.15	225.50	225.85
340	226.21	226.56	226.91	227.26	227.61	227.96	228.31	228.66	229.02	229.37
350	229.72	230.07	230.42	230.77	231.12	231.47	231.82	232.17	232.52	232.87
360	233.21	233.56	233.91	234.26	234.61	234.96	235.31	235.66	236.00	236.35
370	236.70	237.05	237.40	237.74	238.09	238.44	238.79	239.13	239.48	239.83
380	240.18	240.52	240.87	241.22	241.56	241.91	242.26	242.60	242.95	243.29
390	243.64	243.99	244.33	244.68	245.02	245.37	245.71	246.06	246.40	246.75
400	247.09	247.44	247.78	248.13	248.47	248.81	249.16	249.50	245.85	250.19
410	250.53	250.88	251.22	251.56	251.91	252.25	252.59	252.93	253.28	253.62
420	253.96	254.30	254.65	254.99	255.33	255.67	256.01	256.35	256.70	257.04
430	257.38	257.72	258.06	258.40	258.74	259.08	259.42	259.76	260.10	260.44
440	260.78	261.12	261.46	261.80	262.14	262.48	262.82	263.16	263.50	263.84
450	264.18	264.52	264.86	265.20	265.53	265.87	266.21	266.55	266.89	267.22
460	267.56	267.90	268.24	268.57	268.91	269.25	269.59	269.92	270.26	270.60
470	270.93	271.27	271.61	271.94	272.28	272.61	272.95	273.29	273.62	273.96
480	274.29	274.63	274.96	275.30	275.63	275.97	276.30	276.64	276.97	277.31
490	277.64	277.98	278.31	278.64	278.98	279.31	279.64	279.98	280.31	280.64
500	280.98	281.31	281.64	281.98	282.31	282.64	282.97	283.31	283.64	283.97
510	284.30	284.63	284.97	285.30	285.63	285.96	286.29	286.62	286.85	287.29
520	287.62	287.95	288.28	288.61	288.94	289.27	289.60	289.93	290.26	290.59
530	290.92	291.25	291.58	291.91	292.24	292.56	292.89	293.22	293.55	293.88
540	294.21	294.54	294.86	295.19	295.52	295.85	296.18	296.50	296.83	297.16
550	297.49	297.81	298.14	298.47	298.80	299.12	299.45	299.78	300.10	300.43
560	300.75	301.08	301.41	301.73	302.06	302.38	302.71	303.03	303.36	303.69
570	304.01	304.34	304.66	304.98	305.31	305.63	305.96	306.28	306.61	306.93
580	307.25	307.58	307.90	308.23	308.55	308.87	309.20	309.52	309.84	310.16

（续）

温度/℃	0	1	2	3	4	5	6	7	8	9
	电阻值/Ω									
590	310.49	310.81	311.13	311.45	311.78	312.10	312.42	312.74	313.06	313.39
600	313.71	314.03	314.35	314.67	314.99	315.31	315.64	315.96	316.28	316.60
610	316.92	317.24	317.56	317.88	318.20	318.52	318.84	319.16	319.48	319.80
620	320.12	320.43	320.75	321.07	321.39	321.71	322.03	322.35	322.67	322.98
630	323.30	323.62	323.94	324.26	324.57	324.89	325.21	325.53	325.84	326.16
640	326.48	326.79	327.11	327.43	327.74	328.06	328.38	328.69	329.01	329.32
650	329.64	329.96	330.27	330.59	330.90	331.22	331.53	331.85	332.16	332.48
660	332.79	—	—	—	—	—	—	—	—	—

2. 热电阻温度传感器的测温电路

热电阻温度传感器的测温电路通常采用电桥把热电阻的电阻值的微小变化转化为电压的微小变化，再由差动放大器放大成较大的电压信号输出，来带动指针式表头指示温度，或经 A/D 转换后由数字显示表头显示温度，或由微处理器采集温度。

图 2-12 所示为热电阻温度传感器测温电路，由电阻 R_1、R_2、R_x 和热电阻 R_t 构成测温电桥，0℃ 时调整 R_x 使电桥平衡，差动放大器的两个输入端电位相等，输出电压为 0V；当温度大于 0℃ 并升高时，R_t 电阻值增大，差动放大器的反相输入端电位降低，输出电压为正并升高；反之，当温度低于 0℃ 并降低时，R_t 电阻值减小，差动放大器的输出电压为负并降低。通过热电阻温度传感器测温电路，实现了温度信号向电压信号的转换。

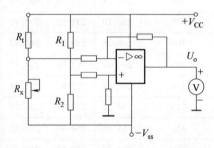

图 2-12　热电阻温度传感器测温电路

热电阻温度传感器测温系统一般由热电阻、连接导线和显示仪表等组成，图 2-12 所示电路装在指示仪表中，置于控制室内，热电阻装在金属护套内，置于现场被测介质中，由导线将两者连接起来。

3. 热电阻温度传感器与指示仪表的接法

在图 2-12 中，热电阻的两端各引出一根导线与指示仪表连接，称为二线制接法。二线制接法仅适用于热电阻与指示仪表距离较近、连接导线较短或精度不高的场合。原因是：热电阻的电阻变化率小，如 Pt100 温度传感器的电阻温度变化率仅为 0.39Ω/℃。热电阻与指示仪表之间连接导线的电阻值同样随着环境温度的变化而变化，由连接导线引起的电阻值变化自然被当作热电阻的电阻值变化计入被测温度之中，给测量带来误差，尤其是当连接导线较长时，引起的误差不能忽略不计。

为消除连接导线电阻变化带来的测量误差，必须采用三线制接法，原理为：在热电阻的一端接上一根连接导线，另一端接上两根连接导线，三根连接导线的规格和长度相同，且并拢在一起（彼此绝缘）铺设，于是在任何温度下都具有相同的电阻值（即 $r_1 = r_2 = r_3 = r$），测量热电阻的电路一般是不平衡电桥，热电阻 R_t 作为电桥的一个桥臂电阻，将一根导线

（r_1）接到电桥的电源端，其余两根导线（r_2、r_3）分别接到热电阻所在的桥臂及与其相邻的桥臂上，这样两桥臂都引入了相同电阻值的接线电阻，电桥处于平衡状态，接线电阻的变化对测量结果没有任何影响，如图2-13所示。

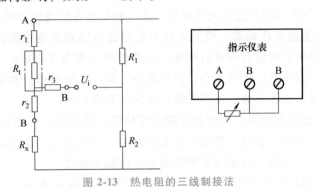

图2-13　热电阻的三线制接法

除了三线制接法，还有四线制接法，主要用于精密测量。

4. 热电阻温度传感器的分类及特点

热电阻温度传感器是中低温区最常用的一种温度传感器，它的主要特点是测量精度高，性能稳定。其中铂热电阻温度传感器的测量精度是最高的，它不仅广泛应用于工业测温，而且被制成标准的测温装置。

（1）按制造热电阻的材料分类

1）Pt100型铂热电阻温度传感器。Pt100型铂热电阻温度传感器的适用温度范围为−200~650℃。铂热电阻优点是：化学稳定性好，耐高温，容易制得纯铂，又因其电阻率大，可用较少材料制成电阻，此外其测温范围大。它的缺点是：在还原介质中，特别是在高温下很容易被从氧化物中还原出来的蒸气所污染，使铂丝变脆，并改变电阻与温度之间的关系。

2）Cu50型铜热电阻温度传感器。Cu50型热电阻温度传感器的适用温度范围为−50~150℃。铜热电阻的价格便宜，线性好，工业上在−50~150℃范围内使用较多。但铜热电阻怕潮湿，易被腐蚀，熔点也低。

热电阻温度传感器的性能详见表2-7。

表2-7　热电阻温度传感器的性能

测温材料	铂	镍	铜
使用温度范围/℃	−200~650	−100~300	−50~150
电阻丝直径/mm	0.03~0.07	0.05左右	0.1左右
电阻率($\Omega \cdot mm^2/m$)	0.0981~0.106	0.118~0.138	0.017
0~100℃电阻温度系数平均值$\times 10^{-3}$(1/℃)	3.92~3.98	6.21~6.34	4.25~4.28
化学稳定性	在氧化介质中性能稳定，不宜在还原性介质中使用，尤其在高温情况下	超过180℃易氧化	超过100℃易氧化
特性	近于线性，性能稳定，精度高	近于线性，性能一致性差，测温灵敏度高	线性
应用	可作标准测温装置	一般测温用	适于测量低温、无水分、无侵蚀性介质的温度

（2）按热电阻的结构形式和用途分类

1）装配式热电阻温度传感器。装配式热电阻温度传感器主要由热电阻、绝缘套管、接线端子、接线盒和保护管组成基本结构，再与显示仪表或记录仪表配套使用。它可以直接测量各种生产过程中-200~420℃范围内的液体、蒸气和气体介质及固体的表面温度。

2）铠装式热电阻温度传感器。铠装式热电阻温度传感器是由感温元件（电阻体）、引线、绝缘材料、不锈钢套管组合而成的整体，它的外径一般为 2~8mm。与普通热电阻温度传感器相比，它有下列优点：①体积小，内部无空气隙，热惯性小，测量滞后小；②力学性能好，抗振，抗冲击；③能弯曲，便于安装；④使用寿命长。

3）端面热电阻温度传感器。端面热电阻温度传感器的感温元件由特殊处理的电阻丝材绕制，紧贴在温度计端面，它与一般轴向热电阻温度传感器相比，能更准确、更快速地反映被测端面的实际温度，适用于测量轴瓦和其他机件的端面温度。

4）隔爆式热电阻温度传感器。隔爆式热电阻温度传感器通过特殊结构的接线盒，把其壳体内部爆炸性混合气体因受到火花或电弧等引发的爆炸局限在接线盒内，使生产现场不会引起爆炸。隔爆式热电阻温度传感器可用于 B1a~B3c 级区内具有爆炸危险场所的温度测量。

5. 热电阻温度传感器的使用

热电阻测温系统一般由热电阻、连接导线和显示仪表等组成。从热电阻温度传感器的测温原理可知，被测温度的变化是直接通过热电阻电阻值的变化来体现的。因此，热电阻体的引出线等各种线电阻的变化会给温度测量带来影响。引起连接导线电阻变化的主要有：导线长度的变化，导线接头处接触电阻的变化，重接线引起的电阻变化，环境温度的变化及测量线路中寄生电动势等。热电阻温度传感器的引出线方式有 3 种：二线制、三线制、四线制。二线制热电阻温度传感器配线简单，但要带进引线电阻的附加误差，因此不适用于制造 A 级精度的热电阻温度传感器，且在使用时引线及导线都不宜过长。三线制可以消除引线电阻的影响，测量精度高于二线制。作为过程敏感元件，三线制的应用最广。四线制不仅可以消除引线电阻的影响，而且在连接导线的电阻值相同时，还可以消除该电阻的影响。在高精度测量时，要采用四线制进行测量。

二、热电偶温度传感器

1. 热电偶温度传感器原理

两种不同材料的导体（或半导体）A 与 B 的两端分别相接形成闭合回路，就构成了热电偶，如图 2-14 所示。当将两接点分别放置在不同的温度 T 和 T_0 下时，在回路中就会产生热电动势，形成回路电流，这种现象称为赛贝克效应，或称为热电效应。产生的热电动势由两个接点的接触电动势和同一导体内部的温差电动势两部分组成，但在热电偶闭合时，这两部分电动势合并为一个整体。

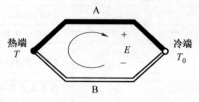

图 2-14　热电偶

回路中两个温差电动势相互抵消，故热电动势就等于接触电动势 $E\,(T,\,T_0)$。热电动势 E 的大小随 T 和 T_0 的变化而变化，三者之间具有确定的函数关系，因而由测得的热电动势的大小就可以推算出被测温度。热电偶温度传感器就是基于这一原理来测温的。热电偶温度传感器通常用于高温测量，置于被测温度介质中的一端

（温度为 T）称为热端或工作端；另一端（温度为 T_0）称为冷端或自由端，冷端通过导线与温度指示仪表相连。根据热电动势与温度的函数关系，制成热电偶分度表，分度表是冷端温度在0℃时的条件下得到的。不同的热电偶温度传感器具有不同的分度表。热电偶温度传感器两根导体（或称热电极）的选材不仅要求热电动势要大，以提高灵敏度，又要具有较好的热稳定性和化学稳定性。常用的热电偶温度传感器有铂铑-铂温度传感器、铜-铜镍（康铜）温度传感器、镍铬-镍硅温度传感器等。

在选择测温点时，测温点应具有代表性，例如测量管道中流体的温度时，热电偶温度传感器的工作端应处于管道中流速最大处。一般来说，热电偶温度传感器的保护套管末端应越过流速中心线。

2. 关于热电偶温度传感器的三个基本定律

（1）均质导体定律　由同一种均质导体（或半导体）两端焊接组成闭合回路，无论导体截面如何及温度如何分布，都不会产生接触电动势，温差电动势相抵消，回路中总电势为零。可见，热电偶温度传感器必须由两种不同的均质导体或半导体构成。若热电极材料不均匀，由于温度梯度存在，将会产生附加热电动势。

（2）中间温度定律　热电偶温度传感器回路两接点（温度为 T、T_0）间的热电动势，等于热电偶在温度为 T、T_1 时的热电动势与在温度为 T_1、T_0 时的热电动势的代数和。T_1 称为中间温度。

由于热电偶温度传感器 E—T 之间通常呈非线性关系，所以当冷端温度不为0℃时，不能利用已知回路实际热电动势 $E(T, T_0)$ 直接查表求取热端温度值；也不能利用已知回路实际热电动势 $E(T, T_0)$ 查表得到温度值后，再加上冷端温度来求得热端被测温度值，必须按中间温度定律进行修正。

（3）中间导体定律　在热电偶回路中接入中间导体（第三导体 C），如图 2-15a 所示，只要中间导体两端温度相同（均为 T_1），中间导体的引入对热电偶回路总电动势就没有影响。

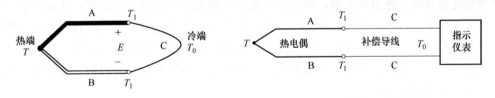

a) 热电偶回路加入第三导体　　　　b) 热电偶与指示仪表的连接

图 2-15　热电偶及其与指示仪表的连接

依据中间导体定律，在热电偶温度传感器实际测温应用中，常将导线的热端焊接，冷端断开后与温度指示仪表连接构成测温回路，如图 2-15b 所示。

3. 热电偶温度传感器的特性

当热电偶温度传感器的热端温度为 T、冷端温度为 T_1 时，构成热电偶的两根导体 A、B 之间的热电动势 E 为

$$E = [k(T-T_1)/e] \ln(N_A - N_B)$$

式中　k——玻耳兹曼常量；

　　　e——单个电子的电荷量；

N_A——导体 A 的电子密度；

N_B——导体 B 的电子密度。

可见热电动势与热电偶热端、冷端之间的温差成正比，与构成热电偶导体的材料有关，而与其粗细、长短无关。同时也可以看到，只有当冷端温度 $T_1 = 0℃$ 才能根据热电动势的大小确定热端温度 T，但实际上冷端的温度是随环境温度变化而变化的，因此实际应用中需对冷端进行温度补偿。镍铬-镍硅热电偶（K 型）分度表见表 2-8。

表 2-8　镍铬-镍硅热电偶（K 型）分度表（冷端温度为 0℃）

温度/℃	0	10	20	30	40	50	60	70	80	90
	热电动势/mV									
0	0.000	0.397	0.798	1.203	1.611	2.022	2.436	2.850	3.266	3.681
100	4.095	4.508	4.919	5.327	5.733	6.137	6.539	6.939	7.338	7.737
200	8.137	8.537	8.938	9.341	9.745	10.151	10.560	10.969	11.381	11.793
300	12.207	12.623	13.039	13.456	13.874	14.292	14.712	15.132	15.552	15.974
400	16.395	16.818	17.241	17.664	18.088	18.513	18.938	19.363	19.788	20.214
500	20.640	21.066	21.493	21.919	22.346	22.772	23.198	23.624	24.050	24.476
600	24.902	25.327	25.751	26.176	26.599	27.022	27.445	27.867	28.288	28.709
700	29.128	29.547	29.965	30.383	30.799	31.214	31.624	32.042	32.455	32.866
800	33.277	33.686	34.095	34.502	34.909	35.314	35.718	36.121	36.524	36.925
900	37.325	37.724	38.122	38.915	38.915	39.310	39.703	40.096	40.488	40.879
1000	41.269	41.657	42.045	42.432	42.817	43.202	43.585	43.968	44.349	44.729
1100	45.108	45.486	45.863	46.238	46.612	46.985	47.356	47.726	48.095	48.462
1200	48.828	49.192	49.555	49.916	50.276	50.633	50.990	51.344	51.697	52.049
1300	52.398	52.747	53.093	53.439	53.782	54.125	54.466	54.807	—	—

4. 热电偶温度传感器的分类

（1）按是否标准化分类　常用热电偶温度传感器可分为标准化热电偶温度传感器和非标准化热电偶温度传感器两大类。所谓标准化热电偶温度传感器是指国家标准规定了其热电动势与温度的关系、允许误差，并有统一的标准分度表的热电偶温度传感器，它有与其配套的显示仪表可供选用。非标准化热电偶温度传感器在使用范围或数量级上均不及标准化热电偶温度传感器，一般也没有统一的分度表，主要用于某些特殊场合的测量。标准化热电偶温度传感器的分类见表 2-9。

表 2-9　标准化热电偶温度传感器的分类

类型/极性	分度号	使用测温范围/℃
铂铑 30（+）-铂铑（-）	B	600~1700
铂铑 13（+）-铂（-）	R	0~1600
铂铑 10（+）-铂（-）	S	0~1600
镍铬（+）-铜镍（-）	E	-200~900
铁（+）-铜镍（-）	J	-40~750
镍铬（+）-镍硅（-）	K	-200~1200
铜（+）-铜镍（-）	T	-200~350

注：热电偶温度传感器的实际允许工作温度范围与护套材料、被测介质、偶丝直径等有关，应以生产厂家产品说明为准。

（2）按结构形式分类　热电偶温度传感器的基本结构包括热电极、绝缘材料和保护管，并与显示仪表、记录仪表或计算机等配套使用。在现场使用中根据被测介质等多种因素，研制出适合各种环境的不同结构形式的热电偶温度传感器，可简单地分为普通工业热电偶温度传感器、铠装式热电偶温度传感器（图2-16）和特殊形式热电偶温度传感器。

图2-16　铠装式热电偶温度传感器（法兰式、螺纹式）

常用的普通工业热电偶温度传感器及其特点如下。

1）S型（铂铑10-铂）热电偶温度传感器。S型热电偶温度传感器属于贵重金属热电偶温度传感器，正极为铂铑合金，负极为铂，使用温度范围为0～1600℃。它耐热性、化学稳定性好，精度高，可以作为标准温度使用，一般用于准确度要求较高的温度测量。但它的热电动势值小，在还原性气体环境中会变脆（特别是氢、金属蒸气），补偿导线误差大，价格贵。

2）R型（铂铑13-铂）热电偶温度传感器。R型热电偶温度传感器同S型热电偶温度传感器。

3）B型（铂铑30-铂铑6）热电偶温度传感器。B型热电偶温度传感器属于贵重金属热电偶温度传感器，正极为铂铑30合金，负极为铂铑6合金，使用温度范围为600～1700℃。它耐热性、化学稳定性好，精度高，可以作为标准温度使用，一般用于准确度要求较高的温度测量，冷端在0～50℃内可以不用补偿导线。但它的热电动势值小，在还原性气体环境中会变脆（特别是氢、金属蒸气），补偿导线误差大，价格贵，并且在600℃以下温度测定不准确，线性特性不佳。

4）K型（镍铬-镍硅或镍铬-镍铝）热电偶温度传感器。K型热电偶温度传感器以镍铬合金为正极，镍硅或镍铝合金为负极，使用温度范围为-200～1200℃，1000℃以下时稳定性、耐氧化性良好，热电动势比S型热电偶温度传感器大4～5倍，而且线性度更好，是非贵重金属中性能最稳定的一种热电偶温度传感器，故应用很广。但它不适用于还原性气体环境，特别是一氧化碳、二氧化硫、硫化氢等气体。

5）N型（镍铬硅-镍硅）热电偶温度传感器。N型热电偶温度传感器的使用温度范围为-270～1300℃。它的热电动势线性良好，在1200℃以下时的耐氧化性良好。N型热电偶温度传感器为K型热电偶温度传感器的改良型，耐热温度比K型热电偶温度传感器高，但它不适用于还原性气体环境。

6）J型（铁-铜镍）热电偶温度传感器。J型热电偶温度传感器以铁为正极，康铜为负极，使用温度范围为-50～750℃，可用于还原性气体环境，热电动势比K型热电偶温度传感器大20%，价格较便宜，适用于中温区域。其缺点是正极易生锈，重复性不佳。

7）E型（镍铬-铜镍）型热电偶温度传感器。B型热电偶温度传感器以镍铬合金为正极，康铜为负极，使用温度范围为-200～900℃。在现有热电偶温度传感器中，B型热电偶温度传感器的灵敏度最高，比J型热电偶温度传感器耐热性好，适于氧化性气体环境，且价格低廉，但不适用于还原性气体环境。

8）T型（铜-铜镍）热电偶温度传感器。T型热电偶温度传感器的使用温度范围为

-250~350℃，热电动势线性良好，低温特性、重复性良好，精度高，低温时灵敏度高，价格低廉，可用于还原性气体环境。但它的使用温度上限低，正极（铜）易氧化，热传导误差大。

铠装式热电偶温度传感器由热电极、绝缘材料和金属套管组合加工而成，可以做得很细、很长，在使用中可以随测量需要进行弯曲，其特点是热惰性小、热接点处的热容量小、寿命较长、适应性强等，应用广泛，安装时应尽可能靠近所要测的温度控制点。为防止热量沿热电偶传走或防止保护管影响被测温度，热电偶应浸入所测流体之中，深度至少为直径的10倍。当测量固体温度时，热电偶应当顶着该材料或与该材料紧密接触。为了使导热误差减至最小，应减小接点附近的温度梯度。

当用热电偶温度传感器测量管道中的气体温度时，如果管壁温度明显地较高或较低，则热电偶温度传感器将会对之进行辐射或吸收热量，从而显著改变被测温度。这时，可以使用屏罩式热电偶温度传感器，通过辐射屏蔽罩使被测温度接近气体温度。

（3）其他分类方式　按使用环境可细分为耐高温热电偶温度传感器，耐磨热电偶温度传感器，耐腐热电偶温度传感器，耐高压热电偶温度传感器，隔爆热电偶温度传感器，铝液测温用热电偶温度传感器，循环流化床用热电偶温度传感器，水泥回转窑炉用热电偶温度传感器，阳极焙烧炉用热电偶温度传感器，高温热风炉用热电偶温度传感器，汽化炉用热电偶温度传感器，渗碳炉用热电偶温度传感器，高温盐浴炉用热电偶温度传感器，铜、铁及钢水用热电偶温度传感器，抗氧化钨-铼热电偶温度传感器，真空炉用热电偶温度传感器等。

5. 热电偶温度传感器的优缺点

热电偶温度传感器是工业上最常用的温度检测元件之一。其优点如下：

1）测量精度高。因热电偶温度传感器与被测对象直接接触，不受中间介质的影响，所以它的测量精度高。

2）温度测量范围广。常用的热电偶温度传感器在-50~1600℃范围内均可连续测量，某些特殊热电偶温度传感器最低可测到-269℃（如金-铁镍铬热电偶温度传感器），最高可达2800℃（如钨-铼热电偶温度传感器）。

3）性能可靠，机械强度高。

4）使用寿命长，安装方便。

热电偶温度传感器的缺点如下：

1）灵敏度低，如K型热电偶温度传感器温度每变化1℃，电压变化只有大约$40\mu V$，因此对后续的信号放大电路要求较高。

2）热电偶温度传感器往往用贵金属制成，价格较贵。

6. 热电偶冷端的温度补偿

在实际测温中，冷端温度常随工作环境温度的变化而变化，为了使热电动势与被测温度间呈单值函数关系，必须对冷端进行温度补偿。常用的温度补偿方法有以下几种。

1）0℃恒温法：把热电偶的冷端放入装满冰水混合物的保温容器（0℃恒温槽）中，使冷端保持0℃。这种方法常在实验室条件下使用。

2）硬件补偿法：在热电偶测温的同时，再利用其他温度传感器（如PN结温度传感器）检测热电偶冷端温度，由差动运算放大器对两者温度对应的电动势或电压进行合成，输出被测温度对应的热电动势，再换算成被测温度，如图2-17所示。

3）软件补偿法：同样，参考图 2-17，当热电偶与微处理器构成测温系统时，在热电偶测温的同时，再利用其他温度传感器对热电偶冷端的温度进行测量，由软件求得被测温度。

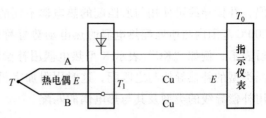

图 2-17　用附加测温电路进行温度补偿

4）补偿导线法：由不同导体材料制成，在一定温度范围内（一般在 100℃ 以下）具有与所匹配的热电偶的热电动势的标称值相同的一对带绝缘层的导线叫作补偿导线。为了简化测温电路，对冷端温度的补偿通常采用补偿导线法。必须指出，当热电偶与指示仪表连接的两根导线选用相同材料时，其作用只是把热电动势传递到控制室的仪表端子上，它本身并不能消除冷端温度变化对测温的影响，故不起补偿作用。因此，在工程实际中这两根导线采用了不同材料的专门导线——补偿导线，使两根补偿导线构成新的热电偶——补偿热电偶，如图 2-18 所示。这样，原热电偶用于测量 T-T_1 对应的热电动势 E_1，补偿热电偶用于测量 T_1-T_0 对应的热电动势 E_2。这两个热电偶处于同一回路，只要将它们反极性连接（补偿导线的"+"极线与热电偶的"-"电极连接，补偿导线的"-"极线与热电偶的"+"电极连接），就可以得到回路的总电势（加在仪表上的热电动势），即 $\Delta E(T, T_0) = E_1(T, T_1) + E_2(T_1, T_0)$，对应的测量温差 $\Delta T = (T-T_1) + (T_1-T_0) = T-T_0$。$T_0$ 再通过仪表内的硬件或软件进行 0℃ 补偿，即可得到所测介质温度 T。

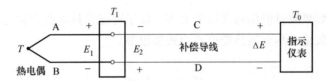

图 2-18　用补偿导线进行温度补偿

当然，在一定温度范围内，补偿导线的温度特性应与原测温热电偶相同。所以在使用时必须注意与热电偶的型号相配，接线时务必注意极性不能接错，否则不但起不了补偿作用，反而会引起更大的误差。

例如，某测温系统，若采用镍铬-镍硅（K 型）热电偶温度传感器，冷端温度为 45℃，仪表室内温度为 18℃，查分度表知：

E_1（45℃，0℃）= 1.817mV，E_2（18℃，0℃）= 0.718mV

错误接法时，$E = -2 \times [E_1(45℃, 0℃) - E_2(18℃, 0℃)] = -2.198$mV

相当于-53℃，即由于补偿导线极性接反，造成测量值比实际值偏低 53℃。

7. 补偿导线的分类

补偿导线分为以下两类。

1）延长型补偿导线。延长型补偿导线简称延长型导线。对于由廉价材料制成的热电偶，补偿导线可使用与所匹配的热电偶相同的材料制成，相当于把热电偶的电极延长到指示仪表，故称延长型补偿导线，用字母"X"附在热电偶分度号之后表示，例如"KX"表示 K 型热电偶用延长型补偿导线。

2）补偿型补偿导线。补偿型补偿导线简称补偿型导线。对于由贵重材料制成的热电偶，补偿导线可使用与所匹配的热电偶不同的材料制成，但其热电动势值在 0～100℃ 或 0～200℃ 范围内与所匹配热电偶的热电动势标称值应相同，用字母"C"附在热电偶分度号之后表示，例如"KC"表示 K 型热电偶用补偿型补偿导线。同一分度号的热电偶，可能由不同类型的补偿导线与之匹配，这时用附加字母区别，如"KCA""KCB"。表 2-10 给出了常用补偿导线的类型及其与热电偶的匹配。

表 2-10　常用补偿导线的类型及其与热电偶的匹配

型　号	名　称	正、负极的材料名称		适配热电偶分度号
		正极	负极	
SC 或 RC	铜-铜镍补偿导线	铜	铜镍 1.1	S 和 R
KCA	铁-铜镍补偿导线	铁	铜镍 22	K
KCB	铜-铜镍补偿导线	铜	铜镍 40	
KX	镍铬-镍硅延长导线	镍铬 10	镍硅 3	
NC	铁-铜镍 18 补偿导线	铁	铜镍 18	N
NX	镍铬硅-镍硅延长导线	镍铬 11 硅	镍硅 4	
EX	镍铬-铜镍延长导线	镍铬 10	铜镍 45E	
JX	铁-铜镍延长导线	铁	铜镍 45	J
TX	铜-铜镍延长导线	铜	铜镍 45	T

实际测量中，如果测量值偏离实际值太多，除了可能是热电偶安装位置不当外，还有可能是热电偶偶丝被氧化、热电偶热端焊点出现砂眼等。

素养提升

在国防建设中，红外成像、激光、雷达等传感器在巨浪-2、东风-41、东风-17 等国产新型高精尖武器装备的制导、定位等方面起到重要作用。

在汽车行业中，传感器被广泛应用于车辆控制系统。比如，车速传感器可以监测车辆的速度，并能根据需要调整发动机的输出功率，以提供更好的驾驶体验和燃油效率。同时，气体传感器可以检测车辆尾气中的有害气体浓度，帮助监控和控制车辆的排放，以保护环境和人类健康。

在医疗行业中，生物传感器可以监测患者的生理参数，如心率、血压和体温等，帮助医生实时监控患者的健康状况，以便及时采取必要的救治措施。此外，体外诊断设备中的生化传感器可以通过检测血液中的生物标志物，提供快速和准确的诊断结果，帮助医生制定合理的治疗方案。

在环境监测中，通过使用温湿度传感器、气体传感器和粉尘传感器等，可以实时监测空气质量、水质和土壤状况等环境参数。这些数据可以用于环境保护和生态恢复，帮助政府和相关部门采取措施来改善环境质量和保护生态系统。

通过对传感器的应用领域的了解，激发创新思维和解决问题的能力，认识到传感器技术在现代社会中的重要性，并为将来的科学研究和工程实践提供启示。

复习与训练

1. 简述温度传感器的概念、种类及其工作原理？

2. 热力学温度与摄氏温度的数值关系是怎样的？

3. 热敏电阻温度传感器的主要优缺点是什么？主要应用在哪些场合？

4. 热电阻温度传感器按制造材料划分主要有哪几种？各有什么特点？

5. 为什么热电阻温度传感器与指示仪表之间要采用三线制接线？对三根导线有何要求？

6. PN 结温度传感器的特性是怎样的？测温范围是多少？

7. 简述 PN 结温度传感器测温电路的调试方法。

8. 试述热电偶温度传感器测温的基本原理和基本定律。

9. 简述热电偶的冷端温度补偿方法。

10. 补偿导线的型号是如何命名的？分哪两类？

11. 热电偶与补偿导线应如何连接？接反后会出现什么结果？

12. 用镍铬-镍硅（K 型）热电偶温度传感器测炉温。当冷端温度 $T_0 = 30℃$ 时，测得热电动势 $E（T，T_0）= 44.66mV$，则实际炉温是多少？

13. 集成温度传感器分哪两大类？模拟集成温度传感器按输出信号的不同又分为哪几类？

14. AD590 温度传感器的输出电流随温度的变化关系是怎样的？将它与 10kΩ 电阻串联，转换为电压信号后，电压随温度的变化关系是怎样的？若将它与 1kΩ 电阻串联，转换为电压信号后，电压随温度的变化关系又是怎样的？写出电压信号随温度变化的关系式。

15. 在图 2-8 中，运算放大器 IC_1 接成了哪一种电路？为什么这样做？IC_2 的反相输入端为什么要加上 2.73V 的固定电压？

模块三

压力传感器的应用

在工业生产、科学研究及日常生活等领域，压力是需要检测的重要参数之一，它直接影响产品的质量，也是生产过程中一个重要的安全指标。压力传感器主要分为电阻式压力传感器、电感式压力传感器和电容式压力传感器等，本模块将通过几种压力传感器的具体应用实例来学习压力传感器的原理、特性、参数、应用电路的调试及使用注意事项等。

知识点

1）压力传感器的概念、组成和原理。
2）压力传感器的类型及特点。
3）压力传感器的应用。
4）压力传感器的接口电路设计。

技能点

1）能够选择合适的压力传感器。
2）能够设计压力传感器的接口电路。
3）能够调试和校准压力传感器系统。

模块学习目标

通过本模块的学习，掌握压力传感器的原理、类型和特点，了解压力传感器在不同领域的应用，能够选择合适的压力传感器并设计相应的接口电路。掌握压力传感器系统的调试和校准方法，能够在实际工作中应用压力传感器进行压力监测和控制。

项目一　称重传感器在电子秤中的应用

知识点

1）电子秤的组成、基本工作过程等。
2）电阻应变式称重传感器的工作原理。
3）各种桥式电路的特点及电路补偿原理。

技能点

通过对电阻应变式称重传感器接口电路的分析、制作与调试，掌握电阻应变式称重传感器的选用原则。

 **项目目标**

设计一简易电子秤，称重范围为 0~5kg，精度为±10g，重量采用 10V 的电压表来表示。通过本项目的学习，掌握电阻应变式称重传感器的结构、基本原理，根据所选择的压力传感器设计接口电路，并完成电路的制作与调试。

知识储备

压力传感器是一种用于测量介质（液体或气体）压力的设备。

（1）分类　压力传感器根据工作原理可分为电阻式压力传感器、电容式压力传感器、压阻式压力传感器和电感式压力传感器等。不同工作原理的传感器具有不同的结构。

（2）量程范围　压力传感器的量程范围是指压力传感器能够测量的压力范围。不同类型的压力传感器具有不同的量程范围，可以根据具体应用需求选择合适的压力传感器。

（3）精度和分辨力　精度是指其测量结果与实际值之间的偏差程度。分辨力是指压力传感器能够区分的最小压力变化。高精度和高分辨力的压力传感器可以提供更准确的压力测量结果。

（4）输出信号　压力传感器的输出信号可以是模拟信号，也可以是数字信号。模拟信号通常是电压或电流，而数字信号可以是数字电平或数字通信接口。

（5）温度影响　压力传感器的测量结果可能受到温度的影响。一些压力传感器具有温度补偿功能，可以减少温度对测量结果的影响。

（6）应用领域　压力传感器广泛应用于工业控制、汽车工程、医疗设备、消费电子等领域。不同的应用领域对传感器的性能和要求有所不同。

在实际应用中，还需要考虑环境条件、安装方式和维护要求等因素，以确保压力传感器的准确性和稳定性。

项目分析

电子秤在工业生产、商场零售等行业已随处可见。在城市商业领域，电子计价秤已取代传统的杆秤和机械案秤。

市场上通用的电子计价秤的硬件电路通常以单片机为核心，结合称重传感器、接口电路、A/D 转换电路、键盘电路及显示器组成，如图 3-1 所示。

图 3-1　通用电子计价秤的硬件电路组成

该系统的基本工作过程是称重传感器将所称物品重量转换成电压信号，经接口电路处理成比较高的电压（此电压取决于 A/D 转换器的基准电压），然后在多点控制器（MCU）的控制下通过 A/D 转换电路转换成数字量，再送入 CPU 进行显示，并根据设置的价格计算出总金额。整个系统的重点在于传感器和接口电路，其他部分只是为了提高系统的自动化水平及人机交互界面，所以本项目主要讨论传感器及接口电路。

　　传感器是整个系统的重量检测部分，称重传感器有电阻应变式、电容式、压电式等，其中电阻应变式最常用。常用的电阻应变式称重传感器主要有悬臂梁式、双剪切梁式、S形拉压式及柱式等，如图 3-2 所示。电阻应变式称重传感器的工作原理是：当电阻应变式称重传感器受外力 F 作用时，四个粘贴在变形较大部位的电阻应变片将产生形变，其电阻值随之变化；当外载荷改变时，由四个电阻应变片组成的电桥输出电压与外加载荷成正比。表 3-1 给出了某称重传感器的技术参数。

a) 悬臂梁式　　　　　　　　　　b) 双剪切梁式

c) S形拉压式　　　　　　　　　　d) 柱式

图 3-2　常用的电阻应变式称重传感器

表 3-1　某称重传感器的技术参数

技术参数名称	技术参数值
额定载荷（RC）/kg	3,6,10,20,30,45,100
建议台面尺寸/（mm×mm）	300×300
额定输出（RQ）/mV/V	2±0.2
零点平衡/mV/V	±0.04
综合误差/%RQ	±0.02
非线性/%RQ	±0.02
滞后/%RQ	±0.02
重复性/%RQ	±0.017
蠕变（30min）/%RQ	±0.02
正常工作温度范围/℃	−10~40
允许工作温度范围/℃	−20~70
温度对灵敏度的影响/（%RQ/10℃）	±0.02
温度对零点的影响/（%RQ/10℃）	±0.02
推荐激励电压 DC/V	10
最大激励电压 DC/V	15
输入阻抗/Ω	410±10

（续）

技术参数名称		技术参数值
输出阻抗/Ω		350±3
绝缘阻抗/MΩ		>5000
安全过载/%RC		150
极限过载/%RC		200
弹性元件材料		铝合金
防护等级		IP65
电缆线长度/m		0.4
接线方式	激励	红:+　黑:-
	信号	红:+　黑:-

由表 3-1 中参数可以看出，传感器的灵敏度为 2mV/V，即当电源电压为 10V、所加重量为 5kg 时，其输出电压为 20mV，其电压幅度太小，必须经处理后才能进行显示或 A/D 转换器转换。

■ 项目实施

1. 工作原理

简易电子秤电路原理图如图 3-3 所示。

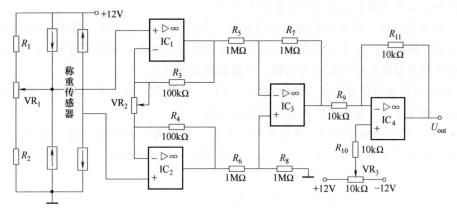

图 3-3　简易电子秤电路原理图

由图 3-3 可知，电路主要由三部分组成：由 R_1、R_2、VR_1 及称重传感器组成的电桥电路，用于将被称物的重量转换成与之成一定关系的模拟电压；由 IC_1、IC_2、IC_3 及外围电阻组成的仪表放大电路，用于将传感器输出的微弱信号放大成足够大的电压（伏级）；由 IC_4 及外围元件组成调零电路，当传感器不加重物时，IC_4 的输出电压 U_{out} 为零。

在图 3-3 中，VR_1 用于实现电桥的平衡调节，主要是防止传感器四个桥臂的阻值不完全相等；VR_2 用于实现仪表放大器的增益调节；VR_3 用于为放大电路调零。

2. 电路制作

按原理图准备元器件，仪表放大电路所用电阻应为高精密电阻。集成运算放大器 $IC_1 \sim IC_4$ 可以采用精密集成运算放大器 OP07；若想简化电路，降低成本，也可以采用如 LM358、

LM324 等多运算放大器 IC。

3. 电路调试

电路制作完成后，接通电源，将增益调节电阻 VR_2 调至中间位置，然后进行差动运算放大器的调零。将增益电位器 VR_3 沿顺时针方向调节到中间位置，将差动运算放大器的正、负输入端与地短接，输出端与 10V 的电压表相连，调节电路板上的调零电位器 VR_3，使电压读数为零，关闭电源。将传感器接入电路并接通电源，在不加重物的情况下，调节 VR_1 使电压表读数为零。

在传感器上放 5kg 重物，调节 VR_2，使电压表读数为 5V。至此，电路调试完毕。因电路的调节元器件比较多，若一次调节不成功，可以进行多次调节，直到正常为止。

4. 称重传感器的选用原则

称重传感器的选用需要全面衡量，主要考虑以下几个方面。

（1）结构、形式的选择　选用何种结构形式的称重传感器，主要看衡器的结构和使用的环境条件。如要制作低外形衡器，一般应选用悬臂梁式和轮辐式传感器；若对外形高度要求不严，则可采用柱式传感器；此外，如果衡器的使用环境很潮湿，有很多粉尘，应选择密封形式较好的传感器；若在有爆炸物等危险的场合，应选用本质安全型传感器；在高架称重系统中，则应考虑安全及过载保护；若在高温环境下使用，应选用有水冷却护套的称重传感器；若在高寒地区使用，应考虑采用有加温装置的传感器。在形式选择中，有一个要考虑的因素是维修的方便与否及其所需费用，即一旦称重系统出了毛病，能否很顺利、很迅速地获得维修器件，若无法做到就说明形式选择不合适。

（2）量程的选择　称重系统的称量值越接近传感器的额定容量，则其称量准确度就越高。但在实际使用时，由于存在秤体自重、皮重及振动、冲击、偏载等情况，因而不同称量系统选用传感器量程的原则有很大差别，一般规则如下。

1）单传感器静态称重系统：固定负荷（秤台、容器等）和变动负荷（需称量的载荷）之和应小于或等于所选用传感器的额定载荷的 70%。

2）多传感器静态称重系统：固定负荷（秤台、容器等）和变动负荷（需称量的载荷）之和应小于或等于选用传感器额定载荷与所配传感器个数乘积的 70%。其中，系数 70% 是考虑到振动、冲击、偏载等因素而加的。

另外，在量程的选择上还应注意以下几点。

1）选择传感器的额定容量时，要尽量符合生产厂家的标准产品系列中的值，否则，选用了非标准产品，不但价格贵，而且损坏后难以替换。

2）在同一称重系统中，不允许选用额定容量不同的传感器，否则，该系统无法正常工作。

3）所谓变动负荷（需称量的载荷）是指加于传感器的真实载荷，若从秤台到传感器之间的力值传递过程中有倍乘和衰减的机构（如杠杆系统），则应考虑其影响。

（3）准确度的选择　在称重传感器的准确度等级的选择上，只要能够满足称重系统准确度级别的要求即可。即若 2500 分度的传感器能满足系统准确度级别要求，则切勿选用 3000 分度的传感器。当在一称重系统中使用了几个形式相同、额定容量相同的传感器并联工作时，其综合误差为 $\Delta_{综合}$，则有

$$\Delta_{综合} = \frac{\Delta}{2n}$$

式中　Δ——单个传感器的综合误差；

　　　n——传感器个数。

另外，电子称重系统一般由三大部分组成，分别是称重传感器、称重显示器和机械结构件。当系统的允差为 1 时，作为非自动衡器主要构成部分之一的称重传感器的 $\Delta_{综合}$ 一般只能达到 0.7 的比例。根据该比例和 $\Delta_{综合}$ 的计算公式，即可对所需传感器的准确度做出选择。

（4）某些特殊要求　在某些称重系统中，可能有一些特殊要求，例如轨道衡中希望称重传感器的弹性变形量要小一些，从而可以使秤台在称量时的下沉量小些，以减小货车在驶入和驶出秤台时的冲击和振动。另外，在构成动态称重系统时，还要考虑所用称重传感器的自振频率是否能满足动态测量的要求。这些参数，在一般的产品介绍中是不予列出的。因此，当要了解这些技术参数时，应向制造厂商咨询，以免误选。

项目二　LED 显示排压力计设计

知识点

1）LED 显示排压力计电路的组成。

2）LED 显示排压力计电路的工作原理。

技能点

1）掌握压力传感器的相关知识。

2）能够完成 LED 显示排压力计电路的设计、制作和调试。

项目目标

利用压力传感器设计压力检测电路，检测汽车油箱。设计一种具有 10 个发光二极管（LED）的显示排，压力显示的分辨力大概为满量程的 1/10，信号全部为模拟信号，经放大电路放大后输出为 4V。通过设计该压力传感器检测装置，进一步巩固所学知识，学会电路的调试。

项目分析

在无线电收音机或收录机中常用 LED 显示排显示接收到的或播放的音频信号大小。在工业生产中也常用 LED 显示排，配合压力传感器的压力测定，粗略显示压力的大小，如储油罐或汽车油箱的油量显示。

只要利用压力传感器将压力转换成电压信号，经放大电路放大后送至电压比较器，根据电压大小分别驱动 LED 显示排上的发光二极管发亮，发亮的发光二极管个数就表示被测压力的量值。当 LED 显示排上发光二极管全部亮时，就代表压力的满量程值。

项目实施

1. 电路原理

LED 显示排压力计电路可以分为三部分：压力传感器和信号处理部分、参照电压和比较器及发光二极管显示排。

（1）压力传感器和信号处理部分　电路原理如图 3-4 所示。

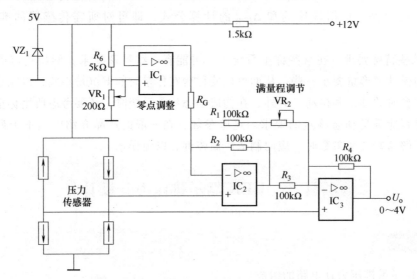

图 3-4　压力传感器和信号处理部分的电路原理

图 3-4 中，运算放大器 IC_1 为电压跟随器，用于电路调零。IC_2、IC_3 等组成二级双运放电路，整个电路的输出 U_o 与输入的关系为

$$U_o = \frac{R_1}{R_3}\left[1 + \frac{1}{2}\left(\frac{R_2}{R_1} + \frac{R_3}{R_4}\right) + \frac{R_2 + R_3}{R_G}\right]U_d + \frac{R_4}{R_3}\left(\frac{R_3}{R_4} - \frac{R_2}{R_1}\right)U_{cm} + U_R$$

式中　U_d——差模输入电压（传感器的输出）；

$\quad\quad U_{cm}$——共模输入电压（约等于传感器输出对地电压）；

$\quad\quad U_R$——电平移动，可由下式求得

$$U_R = \frac{R_5}{R_5 + R_6}\left(\frac{R_2}{R_1}\frac{R_4}{R_3}\right) \times 5 = 200\frac{R_2 R_4}{R_1 R_3}$$

IC_1 构成电压跟随器，完成零点电压的调整。压力传感器在 5V 恒压激励下，零点输出调整到 ±2mV，经一级运算放大器后，被放大为 ±160mV。为了消除零点电压的影响，防止 U_o 出现负值（当零点被放大为 −160mV 时），必须使 U_o 电平向上移动 200mV（200mV − 160mV = 40mV），并留有 40mV 的余量，分压器 VR_1 和 R_6 的分压点电位 U_R 为

$$U_R = \frac{200}{5000 + 200} \times 5V \approx 200mV$$

U_R 输入给 IC_1 的正端，使 U_o 电平向上移 200mV。

为了抑制共模输入电压 U_{cm} 的影响，要求 $R_3/R_4 = R_2/R_1$，R_1、R_2、R_3、R_4 都采用 100kΩ 的电阻。这样，电平移动 $U_R = 200mV$。运算放大器 IC_1 将分压器的电压分压值 $U_R =$

200mV 输入给运算放大器 IC_2，因为预先设置的放大电路的增益 $A_W = 80$，由此可解出增益调整电阻 $R_G = 200\text{k}\Omega/(80-2) = 2.56\text{k}\Omega$，调整 R_G 的阻值，可使传感器满量程输出电压达到 4V。

（2）电压比较器和 LED 显示排电路　图 3-5 所示为电压比较器及显示器件的组成。电压比较电路主要由串联电阻分压器和运算放大器组成，分压器两端用恒压 5V 供电，各分压点电平由 0~5V 按电阻值比例分配。设分压点的电平为 U_{ci}（$i=1\sim10$），并接到各运算放大器的负端。再将传感器放大电路的输出端 U_o 接到图 3-5 的 U_i 端，U_o 代表被测电压的大小，满量程输出为（4+0.2）V。这样 U_i 便可与串联电阻的分压点电平 U_{ci} 相比较。当 U_i 大于 U_{ci}，即运算放大器的正端电平高于其负端电平时，运算放大器便有电流流出，也就是说 LED 显示排的第 i 个以后的发光二极管全亮，被测电压达到 i 档次。

因为一个发光二极管代表压力高低的一个档次（0.1MPa），传感器的灵敏度为 10mV/V/MPa，传感器用 5V 恒压供电，放大倍数为 80 倍，则每 0.1MPa 档次的输出电平差为 400mV。电平比较器的串联总电阻为 5000Ω，用 5V 恒压供电时，流过的电流为 1mA。取分压电阻 $R=400\Omega$，其上电压降为 400mV，也就是说参照比较电平的间隔档次为 400mV，当被监视压力为 0.1MPa 时，运算放大器输出为零点输出（360~40mV）+400mV = 760~440mV。

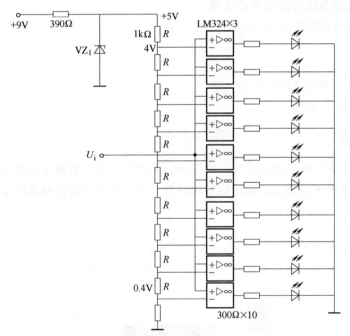

图 3-5　电压比较器及显示器件的组成

取第一级分压电阻 $R=400\Omega$，分压点电平为 0.4V，此时第一个发光二极管变亮，其他的发光二极管便不亮。当压力达到满量程 1MPa 时，放大器输出为（360~40mV）+400mV× 10 = 4.36~4.04V。取最上面的分压电阻 1000Ω，最上面的 $i=10$ 的分压点电平为 4V。放大电路输出电平高于 4V，因此 10 个发光二极管全亮，这就代表满量程压力。当被监视压力逐渐增加时，压力传感器的输出逐渐增加，与比较器各级电平相比较后，运算放大器依次开始工作。每当压力增加 0.1MPa，便增加一个发光二极管发亮，根据最高位发亮的发光二极管的位置便可迅速判断被监视压力值的档次。

2. 电路制作

按原理图准备元器件，运算放大器所用电阻及比较器电阻应为高精密电阻。集成运算放大器可以采用精密集成运算放大器 OP07，也可以采用 LM358、LM324 等，以简化电路。

3. 电路调试

将传感器安装到油箱中，在不放油的情况下，调节传感器，使其输出电压为 2mV，此时调节 VR_1，使放大电路的输出电压为 0V；然后将油箱装满油，调节 VR_2，使运算放大器输出电压为 4V，反复调节几次，使运算放大器的输出电压在 0~4V 范围内变化即可。

将运算放大器的输出端接到电压比较电路输入端，改变油箱中的油量，发光二极管点亮的数量应与油箱中的油量保持一致。

项目三　压力变送器在恒压供水系统中的应用

知识点

1）压力变送器的构成。
2）压力变送器与压力传感器的区别。
3）压力变送器的特性及选用原则。

技能点

1）根据需要选择合适的压力变送器。
2）压力变送器的安装。

项目目标

通过压力变送器在恒压供水系统中的应用，了解它在整个系统中的作用，熟悉压力变送器的基本组成，了解压力变送器输出信号的种类，学会压力变送器的选用及安装方法。

项目分析

恒压供水是指在城市自来水或单位供水管网中，不管在什么时候，不管用户用水量大小，总能保持管网中水压的基本恒定。图 3-6 所示为恒压供水系统实物图。

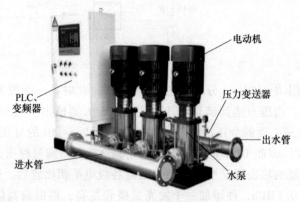

图 3-6　恒压供水系统实物图

随着可编程序控制器（PLC）和变频调速装置的广泛使用，目前的恒压供水系统主要由个人计算机（PC）、PLC、变频器、电动机（一般为三台）、水泵及压力变送器组成。根据用户在不同时间段的用水量，由 PC 将压力值送给 PLC，PLC 根据压力变送器检测到的实际水压，通过变频器控制电动机的运转速度及起动电动机的数量，实现供水压力的闭环控制，使在管网流量变化时能达到稳定供水压力和节约电能的目的，其系统硬件框图如图 3-7 所示。

在供水系统中，担负压力检测任务的是压力传感器。实际应用中，通常是将压力传感器、接口电路等部件做成一体，构成压力变送器，从而减弱应用系统的复杂程度，给用户带来方便。图 3-8 所示为 TPT503 恒压供水压力变送器，其主要参数见表 3-2。

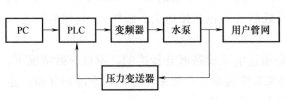

图 3-7　恒压供水系统硬件框图　　　　　　图 3-8　TPT503 恒压供水压力变送器

表 3-2　TPT503 的主要参数

主要参数	说　明
量程	0~450MPa
综合精度	0.1%FS、0.2%FS、0.5%FS、1.0%FS
输出	4~20mA、0~5V、1~5V、0~10V
工作温度	−10~150℃
供电电压	9~36V
长期稳定性	0.1%FS/年
负载阻抗	电流型最大 800Ω，电压型 50kΩ 以上
绝缘电阻	大于 2000MΩ（DC100V）
振动影响	对于 20Hz~1kHz 的机械振动，输出变化小于 0.1%FS
密封等级	IP65
螺纹连接	通用 M20×1.5，其他螺纹可依客户要求设

注：FS 代表满量程。

 **项目实施**

1. 压力变送器的选用原则

在选用压力变送器的过程中，主要考虑以下几点。

（1）接液介质的种类　考虑压力变送器所测量的介质，一般压力变送器上接触介质处的材质采用的是 316 不锈钢。如果被测介质对 316 不锈钢没有腐蚀性，那么基本上所有的压力变送器都适合测量该被测介质的压力。

如果被测介质对 316 不锈钢有腐蚀性，就需要采用化学密封，这样不但可以测量被测介质的压力，也可以有效地阻止被测介质与压力变送器的接液部分的接触，从而起到保护压力变送器、延长压力变送器的寿命的作用。

（2）准确度等级　每一种电子式的测量计都会有准确度误差，但是各个国家所采用的准确度等级是不一样的。比如，中国和美国等国家所采用的准确度是在传感器线性度最好的部分，也就是通常所说的测量范围的 10%～90% 范围内的准确度；而欧洲采用的准确度则是在传感器线性度最不好的部分，也就是通常所说的测量范围的 0%～10% 及 90%～100% 范围内的准确度。

（3）量程范围　一般传感器测量的最大范围为传感器满量程的 70% 是最好的，即若要测量最大值为 7MPa 的压力，则压力变送器的量程应该选 10MPa。

（4）输出信号　目前由于各种采集的需要，现在市场上压力变送器的输出信号有很多种，主要有 4～20mA、0～20mA、0～10V、0～5V 等，比较常用的是 4～20mA 和 0～10V 两种。在这四种输出信号中，只有 4～20mA 为两线制（不包含接地或屏蔽线），其他的均为三线制。

（5）介质温度　由于压力变送器的信号是通过电子线路部分转换的，所以一般情况下，压力变送器所测介质的温度为 -30～100℃。如果温度过高，一般采用冷凝弯来冷却介质，这种方法比特地生产一个耐高温的压力变送器的成本低很多。

（6）被测介质　一般被测介质是相对比较清洁的流体，直接采用标准的压力变送器就可以测量。如果被测介质是易结晶的或黏稠的，一般采用外置膜片或与化学密封共同使用，这样会有效防止被测介质堵住压力测量孔。

（7）其他　确定上面的参数之后，还要确认压力变送器的过程连接接口及供电电压。如果在特殊的场合下使用，还要考虑防爆及防护等级。

2. 压力变送器的安装

压力变送器的安装方式主要有法兰连接、螺纹连接和焊接三种。法兰连接密封性能好，拆卸方便；螺纹连接一般用于小口径的给水和采暖管道的安装；在不得已的情况下，采用焊接，其密封性最好，但检修不方便。

知 识 链 接

一、电阻应变片

1. 电阻应变片的分类

（1）丝式应变片　丝式应变片的特点是制作简单、性能稳定、价格便宜，其基本结构由四部分组成，如图 3-9 所示。敏感栅是丝式应变片中实现应变-电阻转换的敏感元件，由直径为 0.015～0.05mm 的高电阻率合金电阻丝弯成栅状而制成，其电阻值一般大于 100Ω。基底起定位和保护敏感元件的作用，并使敏感元件和被测试件之间绝缘。丝式应变片工作时，基底应准确地将试件应变传递给敏感元件。为此，基底必须很薄，一般为 0.02～0.04mm。覆盖层起到防潮、防尘、防蚀、防损的作用，一般用透明胶纸覆盖在敏感元件上。引线起着敏感元件和测量电路之间的过渡连接和引导作用，通过钎焊实现与敏感元件端的连接，通常为直径 1~1.5mm 的低阻镀锡或镀银铜线。

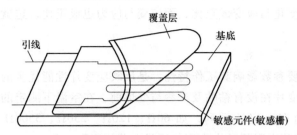

图 3-9 丝式电阻应变片的基本结构

（2）箔式应变片 将很薄的金属片粘于基片上，经光刻、腐蚀等工艺制成金属箔敏感栅，然后给箔敏感栅接上金属丝电极，再涂覆与基片同质地的覆盖层，从而制成箔式应变片，如图 3-10 所示。常用的金属箔材料是康铜（其中 Ni 的质量分数为 55%、Cu 的质量分数为 15%），厚度为 0.003~0.01mm；基片为胶质膜或树脂薄膜。箔式应变片具有尺寸准确、线条均匀、可按需要做成各种形状的优点，且箔式应变片的性能稳定、散热好、寿命长，但灵敏度较低。

a) 应变片1   b) 应变片2

图 3-10 箔式应变片

（3）薄膜应变片 薄膜应变片是薄膜技术发展的产物。它采用真空蒸发或真空沉积等方法，在薄的绝缘基片上形成厚度在 0.1μm 以下的金属电阻材料薄膜敏感栅，最后加上保护层，如图 3-11 所示。薄膜应变片的优点为应变灵敏系数大、允许电流密度大、工作范围广、工作温度可达 200℃ 以上，但其电阻与温度、时间之间的变化关系难以控制，因此不适宜精确测量。

图 3-11 薄膜应变片

2. 电阻应变片的工作原理

电阻应变片是利用金属和半导体材料的应变效应来实现测量的。金属和半导体材料在外界力的作用下产生机械变形时，其电阻值相应发生变化，这种现象称为应变效应。

设电阻丝长度为 L，横截面积为 S，电阻率为 ρ，则电阻值 R 为

$$R = \frac{\rho L}{S}$$

当电阻丝受到拉力 F 时，其电阻值发生改变。材料电阻值的变化受两方面影响，一是

受力后材料的几何尺寸的变化；二是受力后材料的电阻率的变化。实验证明，在电阻丝拉伸极限内，电阻的相对变化与应变成正比，而应变与应力也成正比，这就是利用应变效应测量应变的基本原理。

3. 电阻应变片的主要参数

电阻应变片的主要参数影响其工作特性，是反映应变片性能优劣的指标。

（1）阻值 R 应变片在没有粘贴及未参与变形前，在室温下测定的电阻值称为初始电阻值。应变片的电阻值有一定的系列，如 60Ω、120Ω、250Ω、3500Ω 和 10000Ω，其中以 120Ω 最为常用。应变片电阻值的大小应与测量电路相匹配。

（2）灵敏度 K 灵敏度是应变片的重要参数，灵敏度误差的大小也是衡量应变片质量的重要标志。

（3）机械滞后 Z_j 实际应用中，敏感栅基底和黏结剂材料的性能，或者使用中的过载、过热，都会使应变片产生残余变形，导致应变片输出不重合，这种不重合性可以通过机械滞后来衡量。

（4）零点漂移 P 零点漂移是指温度恒定、试件初始空载时，应变片电阻值随时间变化的特性。先将输出电阻值记录下来，隔一段时间再次记录输出电阻值，两者之差即为零点漂移或稳定性误差。

（5）绝缘电阻 R_m 应变片的绝缘电阻是指粘贴好的应变片引线与测试试件之间的电阻。它是检查应变片的粘贴质量与黏结剂是否干燥或固化的重要指标，通常要求应变片的绝缘电阻为 $500 \sim 1000M\Omega$。

4. 应变片的温度误差

由于测量现场环境温度的改变而给测量带来的附加误差，称为应变片的温度误差。产生应变片温度误差的主要因素有如下两个方面。

（1）受电阻温度系数的影响 敏感栅的电阻阻值随温度变化的关系为

$$R_t = R_0(1 + \alpha_0 \Delta t)$$

式中 R_t——温度为 t 时的电阻值；

$\quad\quad R_0$——温度为 $0℃$ 时的电阻值；

$\quad\quad \alpha_0$——金属丝的电阻温度系数；

$\quad\quad \Delta t$——温度变化值。

当温度变化 Δt 时，电阻丝电阻的变化值为

$$\Delta R_\alpha = R_t - R_0 = R_0 \alpha_0 \Delta t$$

（2）受被测材料和电阻材料的线膨胀系数影响 当被测材料与电阻材料的线膨胀系数相同时，环境温度变化不会产生附加变形；当被测材料与电阻材料的线膨胀系数不同时，电阻会随环境温度变化而产生附加变形，从而产生附加电阻变化。

设电阻和被测材料在温度为 $0℃$ 时的长度均为 l_0，它们的线膨胀系数分别为 β_s 和 β_g，若两者不粘贴在一起，则它们的长度分别为

$$l_s = l_0(1 + \beta_s \Delta t)$$

$$l_g = l_0(1 + \beta_g \Delta t)$$

若两者粘贴在一起，电阻丝产生的附加变形 Δl、附加应变 ε_β 和附加电阻变化 ΔR_β 分别为

$$\Delta l = l_{\mathrm{g}} - l_{\mathrm{s}} = (\beta_{\mathrm{g}} - \beta_{\mathrm{s}}) l_0 \Delta t$$

$$\varepsilon_{\beta} = \frac{\Delta l}{l_0} = (\beta_{\mathrm{g}} - \beta_{\mathrm{s}}) \Delta t$$

$$\Delta R_{\beta} = K_0 R_0 \varepsilon_{\beta} = K_0 R_0 (\beta_{\mathrm{g}} - \beta_{\mathrm{s}}) \Delta t$$

由于温度变化而引起的应变片总电阻相对变化量为

$$\frac{\Delta R_{\mathrm{t}}}{R_0} = \frac{\Delta R_{\alpha} + \Delta R_{\beta}}{R_0} = [\alpha_0 + K_0 (\beta_{\mathrm{g}} - \beta_{\mathrm{s}})] \Delta t$$

因此，因环境温度变化而引起的附加电阻的相对变化量，除了与环境温度有关外，还与应变片自身的性能参数（K_0，α_0，β_{s}）以及被测试件的线膨胀系数 β_{g} 有关。

5. 电阻应变片的温度补偿方法

电阻应变片的温度补偿方法通常有线路补偿和应变片自补偿两大类。电桥补偿是最常用且效果较好的电阻应变片温度补偿方法。

（1）电路分析　如图 3-12 所示为温度补偿电路，其中 R_1 为工作应变片，R_2 为补偿应变片。R_1 粘贴在被测试件表面上，R_2 粘贴在一块与试件材料完全相同的补偿块上，不承受应变，自由地放在试件上或附近。

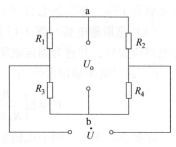

图 3-12　温度补偿电路

当温度发生变化时，R_1 和 R_2 的电阻都发生变化，由于温度变化相同，且 R_1、R_2 为相同的应变片，所以 R_1、R_2 的电阻值变化相同，这时电桥输出不受影响，即电桥的输出与温度变化无关，只与被测应变有关，从而起到温度补偿的作用。

经分析可知，电桥输出电压 U_{o} 可表示为

$$U_{\mathrm{o}} = U_{\mathrm{a}} - U_{\mathrm{b}} = \frac{R_1}{R_1 + R_2}\dot{U} - \frac{R_3}{R_3 + R_4}\dot{U} = \frac{R_1 R_4 - R_2 R_3}{(R_1 + R_2)(R_3 + R_4)}\dot{U} = g(R_1 R_4 - R_2 R_3)$$

式中　g——由桥臂电阻和电源电压决定的常数。

由上式可知，当 R_3 和 R_4 为常数时，R_1 和 R_2 对电桥输出电压 U_{o} 的作用方向相反，利用这一基本关系可实现对温度的补偿。

（2）测量方法　当被测试件不承受应变时，R_1 和 R_2 又处于同一环境温度为 t 的温度场中，调整电桥参数使之达到平衡，此时有

$$U_{\mathrm{o}} = g(R_1 R_4 - R_2 R_3) = 0$$

因此，工程上，一般按 $R_1 = R_2 = R_3 = R_4$ 来选取桥臂电阻。

当温度升高或降低 $\Delta t = t - t_0$ 时，两个应变片因温度变化而引起的电阻变化相等，电桥仍处于平衡状态，可实现温度补偿，即

$$U_{\mathrm{o}} = g[(R_1 + \Delta R_1) R_4 - (R_2 + \Delta R_2) R_3] = 0$$

若被测试件有 ε 的变形，则工作应变片电阻 R_1 又有新的增量 $\Delta R_{11} = R_1 K \varepsilon$，而补偿应变片因不承受应变，故不产生新的增量，此时电桥输出电压为

$$U_{\mathrm{o}} = g[(R_1 + \Delta R_{11}) R_4 - R_2 R_3] = g\Delta R_{11} R_4 = g R_1 K \varepsilon R_4$$

可见，电桥的输出电压 U_{o} 仅与被测试件的应变 ε 有关，而与环境温度无关。

（3）补偿条件

1）在应变片工作过程中，保证 $R_3 = R_4$。

2）R_1 和 R_2 两个应变片应具有相同的电阻温度系数 α、线膨胀系数 β、应变灵敏度系数 K 和初始电阻值 R_0。

3）粘贴补偿应变片的补偿块材料和粘贴工作应变片的被测试件材料必须一样，且两者线膨胀系数相同。

4）两应变片应处于同一温度场。

6. 电阻应变片测量电路

应变片是将被测量的变化转变成电阻的变化来实现测量的，其相对变化为 $\Delta R/R$，还要进一步转换成电压或电流信号才能用电测仪表进行测量，这一转换通常采用直流电桥来实现。根据所用的应变片个数不同，有惠斯通电桥、差动半桥和差动全桥三种形式的电桥。由于制造工艺的改进，应变片的价格已下降很多，目前通常采用差动全桥。下面分析电阻应变片传感器工作于惠斯通电桥和差动全桥时的情况。

（1）惠斯通电桥 图 3-13 所示为惠斯通电桥电路，其中 R_2 为电阻应变片，其他为固定电阻。在初始状态下，$R_1 = R_2 = R_3 = R_4 = R$，此时电桥输出电压为

$$U_o = E\left(\frac{R_2}{R_1+R_2} - \frac{R_3}{R_3+R_4}\right)$$

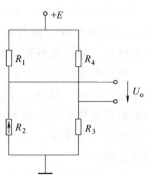

图 3-13 惠斯通电桥电路

在初始状态下，四个电阻阻值相等，即电桥输出电压为 0V。

应变片受外力作用时，$R_2 = R_2 + \Delta R$（图中箭头向上表示发生应变时电阻值增加），此时电桥输出电压为

$$U_o = E\left(\frac{R_2+\Delta R}{R_1+R_2+\Delta R} - \frac{R_3}{R_3+R_4}\right) = E\left(\frac{R+\Delta R}{2R+\Delta R} - \frac{1}{2}\right) = \frac{E\Delta R}{2(2R+\Delta R)}$$

一般情况下，$\Delta R \ll 2R$，则

$$U_o \approx \frac{E\Delta R}{4R}$$

由此可知，系统总灵敏度为

$$K = \frac{\Delta R}{4R}$$

结论：

1）由于电桥在小偏差（ΔR 很小）下工作，所以其灵敏度很低。

2）由 $U_o = \dfrac{E\Delta R}{2\,(2R+\Delta R)}$ 可知，ΔR 在分母上，因此惠斯通电桥工作时带有理论非线性。

3）电桥输出电压 U_o 与电桥供电电源电压 E 成正比。因此，电源电压的波动对输出电压影响比较大，故要求使用稳定性比较好的电源作为电桥供电电源。

4）实际应用中常用恒流源作为电桥供电电源，当用恒流源 I_0 供电时，可以提高系统精度。

5）另外，电阻应变片与固定电阻的温度系数不一定相同，所以要进行温度补偿。

（2）差动全桥 为解决惠斯通电桥使用时存在的问题，在工程实际中通常采用差动全

桥，如图 3-14 所示，图中四个电阻全为应变片，箭头方向代表受应变时其阻值变化情况。

初始状态下，四个应变片阻值相等，所以电桥输出电压为 0V。当受到应变时，$R_1 = R_1 - \Delta R$，$R_2 = R_2 + \Delta R$，$R_3 = R_3 - \Delta R$，$R_4 = R_4 + \Delta R$，此时电桥输出电压为

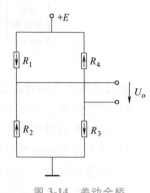

图 3-14　差动全桥

$$U_o = E\left(\frac{R_2 + \Delta R}{R_1 - \Delta R + R_2 + \Delta R} - \frac{R_3 - \Delta R}{R_3 - \Delta R + R_4 + \Delta R}\right)$$

因为 $R_1 = R_2 = R_3 = R_4 = R$，所以

$$U_o = E\left(\frac{R + \Delta R}{2R} - \frac{R - \Delta R}{2R}\right) = E\frac{\Delta R}{R}$$

由此可知，电桥灵敏度为

$$K = \frac{\Delta R}{R}$$

结论：

1）差动全桥工作时的灵敏度是惠斯通电桥的 4 倍。

2）差动全桥没有理论非线性。

3）四个应变片的温度系数一般相同，因此电桥自身可实现温度补偿。

7. 应变片的粘贴

（1）应变片的选择与检查　首先，要根据被测试件及环境选择应变片。其次，对采用的应变片进行外观检查，观察应变片的敏感栅是否整洁、均匀，是否有锈斑及短路和折弯等现象。最后，测量应变片的阻值，在采用全桥或半桥时，应配对使用，以便于电桥的平衡调试。

（2）被测试件的表面处理　为了获得良好的黏合强度，必须对被测试件表面进行处理，清除被测试件表面杂质、油污、油漆等。一般可采用砂纸打磨的处理方法，较好的处理方法是采用无油喷砂，被测试件的表面处理范围要大于应变片的面积。

（3）做粘贴标记　在需要测量应变的位置沿着应变方向做好记号，可以使用 4H 以上的硬质铅笔或画线器进行标注。

（4）底层处理　为了彻底清理表面，可以用化学清洗剂，如氯化碳等。为避免粘贴面氧化，进行表面清洁后，应尽快粘贴应变片。如果不立刻贴片，可以涂上一层凡士林加以保护。

（5）点胶　将应变片的反面用清洁剂清洗干净，再将胶水滴在应变片的反面。

（6）贴片　待粘贴剂稍干后，将应变片对准划线位置迅速贴上，然后盖一层玻璃纸，用手指按压被测部位，挤出气泡及多余胶水，保证胶层尽可能薄而均匀。

（7）固化　完成固化工作。

（8）检查　检查粘贴质量。

二、电感式传感器

电感式传感器是利用电磁感应原理，将被测的非电量变化转换成线圈自感或互感量变化的一种装置，如图 3-15 所示。它常用来测量位移，凡是能够转变成位移的参数都可进行检测，例如压力、振动、尺寸、转速、流量、比重等。

图 3-15　电感式传感器原理图

电感式传感器的特点如下。

1）结构简单，工作可靠，使用寿命长。

2）灵敏度和分辨力高，能分辨 0.01μm 的位移变化。

3）重复性和线性度良好。

4）测量精度高，零点稳定，输出功率较大。

5）可实现信息的远距离传输、记录、显示和控制。

6）在工业自动控制系统中被广泛采用。

7）灵敏度、线性度和测量范围相互制约。

8）存在交流零位信号。

9）传感器自身频率响应低，不适用于高频动态测量。

电感式传感器按工作原理可分为自感式（变磁阻式）传感器、互感式（变压器式）传感器和电涡流式传感器三种。

1. 自感式传感器

自感式传感器的结构原理如图 3-16 所示。自感式传感器由线圈、铁心和衔铁三部分组成。其中，铁心和衔铁由导磁材料制成。

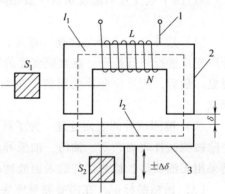

图 3-16　自感式传感器的结构原理

1—线圈　2—铁心　3—衔铁

在铁心和衔铁之间有气隙，传感器的运动部分与衔铁相连。当衔铁移动时，气隙厚度 δ 发生改变，引起磁路中磁阻变化，从而导致电感线圈的电感量变化，因此只要能测出这种电感量的变化，就能确定衔铁位移量的大小和方向。

根据电磁感应定律，当线圈中通过电流 i 时，产生磁通 Φ_m，其大小与电流成正比，即

$$N\Phi_m = Li$$

式中　N——线圈匝数；

　　　L——线圈电感。

根据磁路欧姆定律，磁通 Φ_m 为

$$\Phi_m = \frac{W_i}{R_m}$$

式中　W_i——磁动势；

　　　R_m——磁阻。

所以，线圈中电感（自感）量的计算公式为

$$L = \frac{N^2}{R_m}$$

如果空气隙长度 δ 较小，而且不考虑磁路的铁损，则磁路总磁阻为

$$R_m = \frac{l}{\mu S} + \frac{2\delta}{\mu_0 S_0}$$

式中　l——导磁体（铁心）的长度（m）；

　　　μ——铁心磁导率（H/m）；

　　　S——铁心导磁横截面积（m^2）；

　　　δ——空气隙长度（m）；

　　　μ_0——空气隙磁导率（H/m）；

　　　S_0——空气隙导磁横截面积（m^2）。

因为 $\mu > \mu_0$，则

$$R_m \approx \frac{2\delta}{\mu_0 S_0}$$

因此，自感 L 可写为

$$L = \frac{\mu_0 S_0 N^2}{2\delta}$$

上式表明，自感 L 与空气隙长度 δ 成反比，而与空气隙导磁横截面积 S_0 成正比。当固定 S_0 不变，改变 δ 时，L 与 δ 呈非线性（双曲线）关系。此时，传感器的灵敏度为

$$K = \frac{dL}{d\delta} = -\frac{\mu_0 S_0 N^2}{2\delta^2}$$

灵敏度 K 与空气隙长度 δ 的平方成反比，δ 越小，灵敏度越高。由于 K 不是常数，故会出现非线性误差。为了减小这一误差，通常规定 δ 在较小的范围内工作。例如，若空气隙变化范围为（δ_0，$\delta_0 + \Delta\delta$），则灵敏度为

$$K = -\frac{\mu_0 S_0 N^2}{2\delta^2} = -\frac{\mu_0 S_0 N^2}{2(\delta + \delta_0)^2} \approx -\frac{\mu_0 S_0 N^2}{2\delta^2}\left(1 - \frac{2\Delta\delta}{\delta_0}\right)$$

由上式可以看出，当 $\Delta\delta \ll \delta_0$ 时，由于

$$1 - \frac{2\Delta\delta}{\delta_0} \approx 1$$

故灵敏度 K 趋于定值，即输出与输入近似呈线性关系。实际应用中，一般取 $\Delta\delta/\delta_0 \leqslant 0.1$。这种传感器适用于较小位移的测量，一般为 $0.001 \sim 1\text{mm}$。

2. 互感式传感器

把被测的非电量变化转换为线圈互感变化的传感器称为互感式传感器。这种传感器是根据变压器的基本原理制成的，并且二次绕组用差动形式连接，故又称为差动变压器式传感器。互感式传感器按差动变压器的结构形式可分为变隙式互感式传感器、变面积式互感式传感器和螺线管式互感式传感器等。

在非电量测量中，应用最多的是螺线管式互感式传感器，它可以测量 $1 \sim 100\text{mm}$ 机械位移，并具有测量精度高、灵敏度高、结构简单、性能可靠等优点。

闭磁路变隙式互感式传感器的结构示意图如图 3-17 所示，在 A、B 两个铁心上绕有匝数为 $N_{1a} = N_{1b} = N_1$ 的两个一次绕组和匝数为 $N_{2a} = N_{2b} = N_2$ 两个二次绕组。两个一次绕组的同名

端顺相串联，而两个二次绕组的同名端则反向串联。

当被测试件没有位移时，衔铁 C 处于初始平衡位置，它与两个铁心的间隙有 $\delta_{a0} = \delta_{b0} = \delta_0$，则匝数为 N_{1a} 和 N_{2a} 的绕组间的互感系数 M_a 与匝数为 N_{1b} 和 N_{2b} 的绕组间的互感系数 M_b 相等，致使两个二次绕组的互感电动势相等，即 $e_{2a} = e_{2b}$。由于二次绕组反向串联，因此，传感器输出电压 $U_o = e_{2a} - e_{2b} = 0V$。

当被测试件有位移时，与被测试件相连的衔铁的位置将发生相应的变化，使 $\delta_a \neq \delta_b$，互感系数 $M_a \neq M_b$，两个二次绕组的互感电动势 $e_{2a} \neq e_{2b}$，输出电压 $U_o = e_{2a} - e_{2b} \neq 0V$，即传感器有电压输出，此电压的大小与极性反映被测试件位移的大小和方向。

螺线管式互感式传感器的结构示意图如图 3-18 所示。

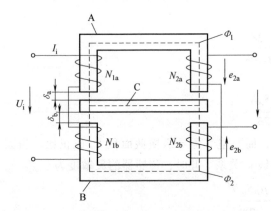

图 3-17　闭磁路变隙式互感式传感器的结构示意图

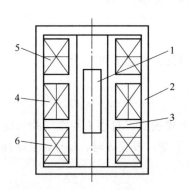

图 3-18　螺线管式互感式传感器的结构示意图
1—活动衔铁　2—导磁外壳　3—骨架　4—一次绕组
5—二次绕组1　6—二次绕组2

两个二次绕组反相串联，并且在忽略铁损、导磁体磁阻和绕组分布电容的理想条件下，其等效电路如图 3-19 所示。当一次绕组加以激励电压 U 时，根据变压器的工作原理，在两个二次绕组 L_{2a} 和 L_{2b} 中便会产生感应电动势 E_{2a} 和 E_{2b}。如果工艺上保证变压器结构完全对称，则当活动衔铁处于初始平衡位置时，必然会使互感系数 $M_1 = M_2$。根据电磁感应原理，将有 $E_{2a} = E_{2b}$。由于变压器的两个二次绕组反相串联，因而 $U_o = E_{2a} - E_{2b} = 0V$，即传感器的输出电压为0V。

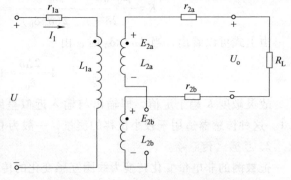

图 3-19　螺线管式互感式传感器等效电路

3. 电涡流式传感器

电涡流式传感器是一种非接触式传感器，用于测量金属物体的位置、位移、振动或表面缺陷等参数。电涡流是一种由交变电磁场引起的涡流，它在导电物体表面产生。当金属物体处于交变磁场中时，磁场的变化会在金属表面诱导涡流。这些涡流会产生一个反向的磁场，与原始磁场相互作用，从而改变交变磁场的特性。

电涡流式传感器通过测量交变磁场的变化来确定金属物体的相关参数。它通常由一个发射线圈和一个接收线圈组成。发射线圈产生一个交变磁场，而接收线圈检测由涡流引起的金属物体产生的磁场变化。通过分析接收线圈中的信号，可以确定金属物体的位置、位移、振动频率、表面缺陷等信息。

电涡流式传感器具有以下优点。

1）非接触性。电涡流式传感器不需要与金属物体直接接触，可以在不损伤物体表面的情况下进行测量。

2）高精度。电涡流式传感器对于微小的位移或振动测量具有高灵敏度和高精度。

3）宽频率范围。电涡流式传感器可以在广泛的频率范围内进行测量，适用于不同频率下的应用。

4）耐用性。电涡流式传感器通常由耐用的材料制成，可以在恶劣的环境条件下使用。

三、电容式传感器

1. 电容式传感器的特性

一个无限大平行平板电容器的电容值可表示为

$$C = \frac{\varepsilon S}{d}$$

式中　ε——平行平板间介质的介电常数；

d——极板的间距；

S——极板的覆盖面积。

ε、d、S 为决定电容量的三个参数，若保持其中两个参数不变，通过被测量改变另一个参数，就可把被测量的变化转换成电容量的变化，这就是电容式传感器的基本工作原理。

2. 三种基本类型

根据电容式传感器的基本特性，电容式传感器可以分为变极距型电容式传感器、变面积型电容式传感器和变介电常数型电容式传感器三种类型。

（1）变极距型电容式传感器　图 3-20 所示为变极距型电容式传感器的示意图及其特性曲线，图中极板 1 固定不动，极板 2 为可动电极（动片）。当动片随被测量变化而移动时，两极板间距改变，从而使电容量产生变化。

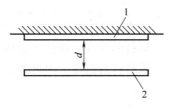
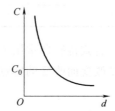

a) 变极距型电容式传感器示意图　　　　b) 电容-极间距特性曲线

图 3-20　变极距型电容式传感器

设 ε、S 不变，两极板之间的初始间距为 d，其初电容量 C_0 为

$$C_0 = \frac{\varepsilon S}{d}$$

当动片因外力而变化（设极板 2 上移 Δd）时，电容量变化量为

$$\Delta C = \frac{\varepsilon S}{d - \Delta d} - \frac{\varepsilon S}{d} = \frac{\varepsilon S}{d} \frac{\Delta d}{d - \Delta d} = C_0 \frac{\Delta d}{d - \Delta d}$$

因为 $\Delta d \ll d$，所以

$$\Delta C \approx C_0 \frac{\Delta d}{d}$$

由此可知，变极距型电容式传感器存在着理论非线性，所以实际应用中，为了改善非线性、提高灵敏度和减小外界因素（如电源电压、环境温度）的影响，常采用差动式结构或采用适当的测量电路来改善其非线性。

（2）变面积型电容式传感器　当保持电容的 d、ε 不变时，通过改变 S 来改变电容量 C，即构成了变面积型电容式传感器。变面积型电容式传感器根据结构不同，有平板形、旋转形和圆柱形三种类型。

平板形结构对极距变化特别敏感，使测量精度易受到影响。而圆柱形结构受极距变化的影响很小，成为实际中最常采用的结构，其中线位移单组式的电容量 C 在忽略边缘效应时为

$$C = \frac{2\pi\varepsilon l}{\ln(r_2/r_1)}$$

式中　l——外圆筒与内圆柱覆盖部分的长度；

　　r_1——内圆柱外半径；

　　r_2——圆筒内半径。

当两圆筒相对移动 Δl 时，电容变化量 ΔC 为

$$\Delta C = \frac{2\pi\varepsilon l}{\ln(r_2/r_1)} - \frac{2\pi\varepsilon(l - \Delta l)}{\ln(r_2/r_1)} = \frac{2\pi\varepsilon\Delta l}{\ln(r_2/r_1)} = C_0 \frac{\Delta l}{l}$$

这类传感器具有良好的线性，常用于检测位移等参数。

（3）变介电常数型电容式传感器　当保持电容的 d、S 不变时，通过改变 ε 来改变电容量 C，即构成了变介电常数型电容式传感器。常用介质的相对介电常数见表3-3。

表3-3　常用介质的相对介电常数

介质名称	真空	空气	聚乙烯	硅油	金刚石	氧化铝	云母	TiO$_2$
相对介电常数	1	≈1	2.26	2.7	5.5	4.5~8.4	6~8.5	14~110

变介电常数型电容式传感器常用于测量介质材料的厚度、液位，还可根据极间介质的介电常数随温度、湿度改变而改变的特点来测量介质材料的温度、湿度等。

素养提升

了解科学家开尔文发现电阻应变效应的故事，培养在工程实践中发现问题和解决问题的科学思维能力。了解应变片的结构工艺，电阻应变式传感器的特性、准确度等知识，培养精确细致的科学态度和卓越的工匠精神。

压力传感器在现代社会中具有广泛的应用，如汽车制造、工业控制、医疗设备等领域。在使用压力传感器时，要注重安全和可靠性，遵守行业规范。

通过本模块的学习，掌握压力传感器的相关知识，提高创新能力，树立正确的世界观、价值观，保持对科技发展和社会进步的热情，坚持为实现科技强国的目标而努力奋斗。

复习与训练

1. 压力传感器的测量转换原理是什么？
2. 压力传感器输出信号有什么特点？
3. 直流电桥电路在传感器检测电路中的工作原理是什么？
4. 电子计价秤的电路由哪几个部分组成，每一部分的作用是什么？
5. 电子计价秤电路的工作原理是什么？
6. 电感式传感器有哪几种类型？
7. LED 显示排压力计的工作原理是什么？
8. 电感式传感器有哪几种类型？
9. 各类型电感式传感器的工作原理是什么？
10. 电感式压力传感器设计中提高电源频率有哪些优点？

模块四

位移传感器的应用

位移是物体在一定方向上的位置变化，是机械行业中最常用的被测物理量之一。位移传感器的作用就是将直线或环形机械位移量转换成电信号。利用相应的位移传感器可以测量位移、距离、位置、尺寸、角度、角位移等物理量。

 **知识点**

1）位移传感器的概念、组成和原理。
2）位移传感器的类型及特点。
3）位移传感器的应用领域。
4）位移传感器的接口电路设计。

技能点

1）能够选择合适的位移传感器。
2）能够设计位移传感器的接口电路。
3）能够调试和校准位移传感器系统。

模块学习目标

通过本模块的学习，掌握位移传感器的原理、类型和特点，了解位移传感器在不同领域的应用，能够选择合适的位移传感器并设计相应的接口电路。掌握位移传感器系统的调试和校准方法，能够在实际工作中应用位移传感器进行位移或位置监测和控制。

项目一　电位器式位移传感器在位置检测与控制中的应用

知识点

1）电位器式位移传感器的基本原理。
2）电位器式位移传感器的特点。
3）电位器式位移传感器的接口电路。

技能点

1）能正确选用电位器式位移传感器。

2）能分析电位器式位移传感器的基本原理。

3）会制作并调试位移传感器接口电路。

项目目标

利用电位器式位移传感器设计一个线位移控制装置，控制范围为0~100mm。通过该项目的学习，掌握电位器式位移传感器的特点，了解其主要参数，学会正确选择电位器式位移传感器。

知识储备

电位器是人们常用到的一种电子器件，用它作为传感器，可以将位移或其他能转换为位移的非电量转换为与其有一定函数关系的电阻值的变化，从而引起输出电压的变化。所以它是一个机电传感元件。

一、电位器式位移传感器的分类

（1）绕线电位器式位移传感器　绕线电位器式位移传感器的电阻体由电阻丝缠绕在绝缘物上构成，电阻丝的种类很多，电阻丝的材料是根据电位器的结构、容纳电阻丝的空间、电阻值和温度系数来选择的，具有电阻率大、温度系数小、耐磨损、耐腐蚀的特点。电阻丝越细，在给定空间内越易获得较大的电阻值和分辨力。但若电阻丝太细，在使用过程中容易断开，会影响传感器的使用寿命。

（2）非绕线电位器式位移传感器　为了克服绕线电位器式位移传感器的缺点，人们在电阻的材料及制造工艺上下了很多工夫，发展了各种非绕线电位器式位移传感器。

1）合成膜电位器式位移传感器。合成膜电位器式位移传感器的电阻体是用具有某一电阻值的悬浮液喷涂在绝缘骨架上形成电阻膜而制成的。这种传感器具有分辨力较高、电阻范围很宽（100Ω~4.7MΩ）、耐磨性较好、工艺简单、成本低、输入-输出信号的线性度较好等优点，但也存在接触电阻大、功率不够大、容易吸潮、噪声较大等缺点。

2）金属膜电位器式位移传感器。金属膜电位器式位移传感器由合金、金属或金属氧化物等通过真空溅射或电镀方法，沉积在瓷基体上一层薄膜而制成。金属膜电位器式位移传感器具有无限的分辨力，接触电阻很小，耐热性好，其满负荷温度可达70℃。与绕线电位器式位移传感器相比，它的分布电容和分布电感很小，所以特别适合在高频条件下使用。它的噪声信号仅高于绕线电位器式位移传感器。金属膜电位器式位移传感器的缺点是耐磨性较差，阻值范围窄，一般为10Ω~100kΩ，这些缺点限制了它的应用。

3）导电塑料电位器式位移传感器。导电塑料电位器式位移传感器又称为有机实心电位器式位移传感器，这种传感器的电阻体由塑料粉及导电材料的粉末经塑压而成。导电塑料电位器式位移传感器的耐磨性好，使用寿命长，允许的电刷接触压力很大，因此它在振动、冲击等恶劣的环境下仍能可靠地工作。此外，它的分辨力较高，线性度较好，阻值范围大，能承受较大的功率。导电塑料电位器式位移传感器的缺点是阻值易受温度和湿度的影响，故精度不高。

4）导电玻璃釉电位器式位移传感器。导电玻璃釉电位器式位移传感器又称为金属陶瓷电位器式位移传感器，它是以合金、金属化合物或难熔化合物等为导电材料，以玻璃釉为黏合剂，经混合烧结在玻璃基体上而制成的。导电玻璃釉电位器式位移传感器的耐高温性好，耐磨性好，有较宽的阻值范围，电阻温度系数小且抗湿性强。其缺点是接触电阻变化大，噪声大，不易保证测量精度。

5）光电电位器式位移传感器。光电电位器式位移传感器是一种非接触式电位器式位移传感器，它用光束代替电刷，图 4-1 所示为其结构图。光电电位器式位移传感器主要由电阻体、光电导层和导电电极组成。光电电位器式位移传感器的制作过程是：先在基体上沉积一层硫化镉或硒化镉的光电导层，然后在光电导层上再沉积一条电阻体和一条导电电极，在电阻体和导电电极之间需留有一个窄的间隙。平时无光照时，电阻体和导电电极之间由于光电导层电阻很大而处于绝缘状态。当光束照射在电阻体

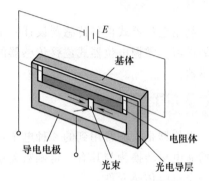

图 4-1　光电电位器式位移传感器的结构

和导电电极的间隙上时，由于光电导层被照射部位的亮电阻很小，使电阻体被照射部位与导电电极导通，于是光电电位器式位移传感器的输出端就有了电压输出，输出电压的大小与光束照射到的位置有关，从而将光束位移转换为电压信号输出。

光电电位器式位移传感器最大的优点是属于非接触型传感器，不存在磨损问题，它不会给传感器系统带来任何有害的摩擦力矩，从而提高了传感器的精度、寿命、可靠性及分辨力。光电电位器式位移传感器的缺点是接触电阻大，线性度差。由于它的输出阻抗较高，需要配接高输入阻抗的放大器。尽管光电电位器式位移传感器存在缺点，但由于它的优点是其他电位器式位移传感器所无法比拟的，因此在许多重要场合仍得到应用。

二、电位器式位移传感器的结构

常见的电位器式位移传感器如图 4-2 所示，按结构分为推拉式和旋转式两种。

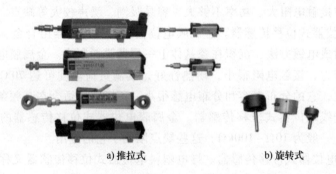

a) 推拉式　　　　　　　　　　b) 旋转式

图 4-2　常见的电位器式位移传感器

不管哪一种结构形式，电位器式位移传感器主要由电刷、滑动臂、转轴（或拉杆）、电阻体（或基片）、焊片（或引线）及外壳组成。

三、电位器式位移传感器的工作原理及接口电路

电位器式位移传感器的工作原理如图 4-3 所示。

当滑动端位置改变时，阻值 R_{12} 和 R_{23} 均发生变化，但总阻值 R_{13} 保持不变；设 X 为电刷的位移，L 为传感器的最大位移，则

$$R_{23} = \frac{X}{L} R_{13}$$

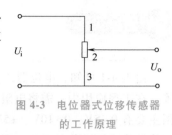

图 4-3　电位器式位移传感器的工作原理

若在 R_{13} 端加激励信号 U_i，其输出电压 U_o 为

$$U_o = \frac{R_{23}}{R_{13}} U_i = \frac{X}{L} U_i$$

即输出电压 U_o 与位移 X 成正比，通过测量 U_o 的值，再根据 U_i 及 L 的值，即可求出位移 X。

项目分析

电位器式位移传感器在机械设备的行程控制及位置检测中占有重要的地位，它具有精度高、量程范围大、移动平滑舒畅、分辨力高、使用寿命长等特点，尤其在较大位移测量中应用广泛，如注塑机、成型机、压铸机、印刷机械、机床等。

工程应用中，通过电位器式位移传感器将机械位移的变化转换成电阻值的变化，再通过接口电路将电阻值的变化转换成电压的变化，并制成分度表；相应地，根据输出电压的数值，即可得出位移的大小。

目前，国内外电位器式位移传感器的生产厂家很多，技术已经非常成熟。对于拉杆式位移传感器，其测量位移可达 3000mm。表 4-1 是某型号的拉杆式位移传感器的主要参数。

表 4-1　某型号拉杆式位移传感器的主要参数

型号	75	100	125	150	200	…	550	600	650	…	1250
电性总行程/mm	80	105	130	155	205	…	555	605	655	…	1255
可用电性行程/mm	75	100	125	150	200	…	550	600	650	…	1250
电阻/kΩ	5×(1±20%)	5×(1±20%)	5×(1±20%)	5×(1±20%)	5×(1±20%)	…	5×(1±20%)	10×(1±20%)	10×(1±20%)	…	10×(1±20%)
线性度（%）	±0.05	±0.05	±0.05	±0.05	±0.05	…	±0.05	±0.05	±0.05	…	±0.05
机械行程/mm	82	107	132	157	207	…	557	607	657	…	1257
解像度	无断										
建议使用电流/μA	<10										
使用温度范围/℃	−60～160										
尺寸 A/mm	142	167	192	217	267	…	617	667	717	…	1317

电位器式位移传感器是将位移的变化转换成电阻的变化，为了与 PLC 及单片机等智能控制器配合完成自动检测与控制，往往要通过转换电路将传感器的输出信号转换成标准信号，如电压、电流等。再通过 A/D 转换电路得到数字信号，并将数字信号送至数字显示仪表来显示位移值；或输出控制信号，实现位置检测与控制，类似于电气控制中的行程开关。

 项目实施

1. 电路原理

由表 4-1 可知，电位器式位移传感器的电阻为 5kΩ、10kΩ，常见的阻值还有 1kΩ、2kΩ 等。在工程应用中，需将电阻值的变化转换成电压或电流等标准信号的变化，电压的变化范围主要有 0~5V、0~10V、±5V 和 ±10V 四种，电流的变化范围为 4~20mA。要将电阻值的变化转换成标准信号变化，可采用各企业生产的信号变换器，也可以根据实际情况进行设计制作。

目前，企业生产的信号变换器可分为内置式和外置式两种。内置式是将电路直接安装在传感器的内部，外置式已做成成品，可以安装在传感器外面。某型号传感器主要参数见表 4-2。图 4-4 所示为电位器式位移传感器在机械行程控制中进行位置检测的电路。

表 4-2　某型号传感器主要参数

参数名称	数　　值	参数名称	数　　值
电源电压	9~36V（推荐 24V）	线性度	0.05%FS
配套传感器阻值	>2kΩ	输出信号	4~20mA
负载	0~250Ω（电压小于 12V） 0~750Ω（电压大于 12V）	外形尺寸	直径 45mm， 高 20mm

图 4-4 中的 RP_1 为位移传感器，若总机械行程小于 100mm，则可选行程为 0~100mm 的电位器式位移传感器。图中，RP_1 滑动端输出电压经过 IC_1A 构成的电压跟随器被送到由 IC_1B 和 IC_1C 组成的电压比较器，分别输出行程下限和上限控制信号。

RP_1 滑动端输出电压为 0~5V，则 IC_1A 输出电压也为 0~5V。对于 IC_1C 来说，若实际行程小于下限行程（即 $V_+ < V_-$）时，则 IC_1C 输出为 0V；若实际行程超过下限行程（即 $V_+ > V_-$）时，则 IC_1C 输出为 5V；而此时因 $V_+ > V_-$，IC_1B 始终为 5V。V_+ 表示正输入端电压，V_- 表示负输入端电压。

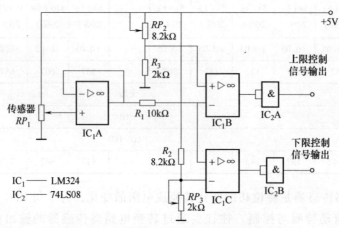

图 4-4　电位器式位移传感器的应用电路

对于 IC_1B 来说，当实际行程小于上限（即 $V_+ > V_-$）时，输出的上限控制信号为 5V；当实际行程超过上限（即 $V_+ < V_-$）时，IC_1B 输出的上限控制信号为 0V，而 IC_1C 保持为 5V。

图 4-4 中 RP_2 用于调节上限位置，其调节范围是 $20\sim100\mathrm{mm}$；RP_3 用于调节下限位置，其调节范围是 $0\sim20\mathrm{mm}$。

2. 电路制作与调试

根据图 4-1，选择合适的元器件制作电路，其中 RP_2、RP_3 为外接电位器，用于调节上、下限位置。

电路制作完成后，只要元器件参数正确、没有接错，不需要调试电路参数即可工作。每次工作前，要设置上、下限位置。设置下限位置的方法是：将电位器式传感器调节到下限位置（如 5mm 的位置），此时调节 RP_3 使 $\mathrm{IC_2B}$ 输出为低电平；在工作过程中，当电位器的位移小于 5mm 时，$\mathrm{IC_2B}$ 输出为低电平。设置上限位置的方法是：将电位器式传感器调到上限位置（如 80mm 的位置），调节 RP_2，使 $\mathrm{IC_2A}$ 输出为低电平，此时，当电位器运动超过此位置时，$\mathrm{IC_2B}$ 输出为低电平。

该电路输出的两个信号可作为系统工作的上、下限位置检测信号，此信号类似于机械运动中的行程开关。可将此信号送到控制电路作为往复运动的控制信号，也可将此信号送到 MCU 作为工件的位置信号。

项目二 光栅式位移传感器在数控机床中的应用

知识点

1）光栅式位移传感器的基本原理。

2）光栅式位移传感器的特点。

3）光栅式位移传感器的接口电路。

技能点

1）能正确选用光栅式位移传感器。

2）能正确安装光栅式位移传感器。

3）能调试光栅式位移传感器的接口电路，并进行简单的故障处理。

项目目标

通过该项目的学习，了解光栅式位移传感器的特点，熟悉其接口电路的组成、实现方法，掌握其测量原理，能根据光栅式位移传感器输出的脉冲信号来计算运动部件的位移量，会分析简单的故障。

知识储备

光栅是一种数字式位移检测元件，其结构原理简单，测量范围大而且精度高，广泛应用于高精度机床和仪器的精密定位或长度、速度、加速度、振动等的测量。

1. 光栅的概念与分类

光栅是由很多等节距的透光缝隙和不透光，或者反射光和不反射光的刻线均匀相间排列而成的光学器件。如图 4-5 所示，a 为透光缝隙的宽度，b 为栅线的宽度，$w=a+b$ 为光栅栅距（也称光栅节距或光栅常数）。

光栅的种类很多，按其原理和用途不同，可分为物理光栅和计量光栅。物理光栅是利用光的衍射现象制造的，主要用于光谱分析和光波长等物理量的测量。计量光栅是利用光的透射和反射现象制造的，常用于位移测量，具有很高的分辨力，可达 $0.1\mu m$。在检测技术中使用的是计量光栅。

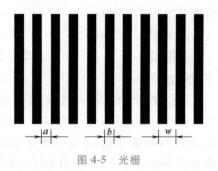

图 4-5 光栅

计量光栅根据光线的传送方向可分为透射式光栅和反射式光栅。透射式光栅一般是用光学玻璃做基体，在其上均匀地刻划间距、宽度相等的条纹，形成连续的透光区和不透光区；反射式光栅一般使用具有强反射能力的材料（如不锈钢）做基体，在其上用化学方法制出黑白相间的条纹，形成反光区和不反光区。

计量光栅按表面结构可分为幅值（黑白）光栅和相位（闪耀）光栅。

计量光栅根据光栅的形状和用途可分为长光栅和圆光栅，两者的工作原理基本相同。长光栅用于直线位移的测量，故又称为直线光栅；圆光栅用于角位移的测量。本项目主要以长光栅为例进行介绍。

2. 光栅式位移传感器的工作原理

光栅式位移传感器主要由光源、光栅副和光电器件三大部分组成，如图 4-6 所示。其中光栅副由标尺光栅（也称主光栅）和指示光栅组成，标尺光栅和指示光栅的刻线完全一样，将两者叠合在一起，中间保持很小的缝隙（$0.05\sim0.1$ mm），并使两者刻线形成很小的夹角 θ，测量时标尺光栅不动，指示光栅安装在运动部件上，随运动部件在与标尺光栅刻线垂直的方向上移动。

在两光栅刻线重合处，光从缝隙透过，形成亮带，如图 4-7 中 a-a' 线所示。在两光栅刻线的错开处，由于相互挡光而形成暗带，如图 4-7 中 b-b' 线所示。这种由亮带和暗带形成的明暗相间的条纹称为莫尔条纹，条纹方向与刻线方向近似垂直。通常在光栅的适当位置安装两个光电传感器（指示光栅刻线之间及与其相差 1/4 栅距的位置，保证其相位相差 90°）。当指示光栅沿水平方向自左向右移动时，莫尔条纹的亮带和暗带（a-a' 线和 b-b' 线）将自下向上移动，不断地掠过光电器件，光电器件检测到的光信号按"强—弱—强—弱"循环变化，光电器件输出类似于正弦波的交变信号，每移动一个栅距 w，光强变化一个周期，如图 4-8 所示。

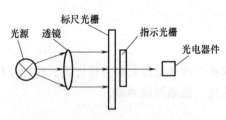

图 4-6 光栅式位移传感器的组成

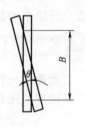

图 4-7 莫尔条纹

莫尔条纹的基本特征如下。

1）莫尔条纹是由光栅的大量刻线共同形成的，对光栅的刻线误差有平均作用，从而能在很大程度上消除光栅刻线不均匀引起的误差。

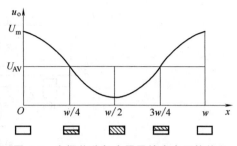

图 4-8 光栅位移与光强及输出电压的关系

2）当两光栅沿与栅线垂直方向做相对移动时，莫尔条纹则沿光栅刻线方向移动（两者的运动方向相互垂直）；光栅反向移动时，莫尔条纹也反向移动。在图 4-7 中，当指示光栅向右移动时，莫尔条纹向上运动。

3）莫尔条纹的间距是放大的光栅栅距，它随着光栅刻线夹角 θ 而改变。由于 θ 很小，所以莫尔条纹间距可表示为

$$B = \frac{w}{\sin\theta} \approx \frac{w}{\theta}$$

式中　　B——莫尔条纹间距；

　　　　w——光栅栅距；

　　　　θ——两光栅刻线夹角（rad）。

可见，θ 越小，B 就越大，相当于把微小的栅距扩大了 $1/\theta$ 倍，所以，计量光栅起到了光学放大作用。例如，对于 25 线/mm 的长光栅，$w = 0.04\text{mm}$，若 $\theta = 0.02\text{rad}$，则 $B = 2\text{mm}$。计量光栅的光学放大作用与安装角度有关，与两光栅的安装间隙无关。莫尔条纹的宽度必须大于光电器件的尺寸，否则光电器件无法分辨光强的变化。

4）莫尔条纹移过的条纹数与光栅移过的刻线数相等。例如，采用 100 线/mm 的光栅时，若光栅移动了 1mm，则从光电器件面前掠过的莫尔条纹数为 100 条，光电器件也将产生 100 个脉冲，通过对脉冲进行计数，即可知道实际的移动距离。

3. 辨向及细分原理

（1）辨向原理　如果传感器只安装一套光电器件，则在实际应用中，无论光栅做正向移动还是反向移动，光电器件产生的正弦信号都相同，无法判别移动的方向。若要判别移动的方向，则必须设置辨向电路。

通常可以在沿光栅刻线的方向相距 1/4 栅距的距离上安装两套光电器件，可得到两个相位相差 90° 的电信号 $u_{\sin}$ 和 $u_{\cos}$。经放大、整形后得到 $u'_{\sin}$ 和 $u'_{\cos}$ 两个方波信号，分别送到图 4-9a 所示的辨向电路。

由图 4-9b 可以看出，$u'_{\sin}$ 的上升沿经微分电路后产生的尖脉冲正好与 $u'_{\cos}$ 的高电平相与，IC_1 处于开门状态，与门 IC_1 输出计数脉冲，表示正向移动。而 $u'_{\cos}$ 经 IC_3 反相后产生的微分脉冲被 $u'_{\cos}$ 的低电平封锁，与门 IC_2 输出低电平。反之，当指示光栅向左移动时，由图 4-9c 可以看出，IC_2 产生计数脉冲，IC_1 输出低电平。将 IC_1 和 IC_2 的输出分别送到可逆计数器的加法计数和减法计数端，用计数值 N 与栅距 w 相乘，即可得到相对于某个参考点的位移量，即

$$x = Nw$$

（2）细分技术　由前所述，若只对光栅式位移传感器输出的脉冲信号进行计数，其分辨力是 w。在精密的测量系统中，要求更高的分辨力，此时可以采用细分技术。所谓细分技

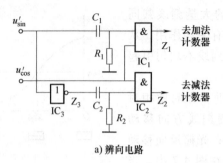

a) 辨向电路

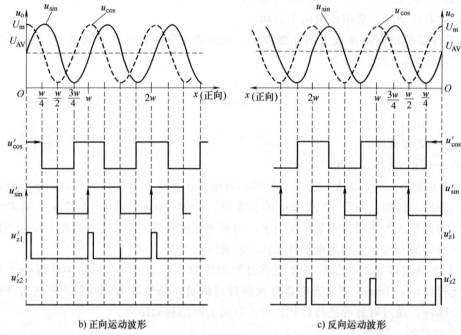

b) 正向运动波形　　　　　　　　　　　c) 反向运动波形

图 4-9　辨向原理

术，是指在不增加光栅刻线的情况下提高光栅的分辨力，即在一个栅距 w 内，能得到更多的脉冲个数，则其分辨力比 w 更小。细分主要是通过倍频法来实现的，常见的有四倍频和十六倍频。

项目分析

光栅式位移传感器具有测量精度高、测量范围大、信号抗干扰能力强等优点，广泛应用于传统机床的数字化改造及现代数控机床。

近年来，我国自行设计、制造了很多测量长度和角度的光栅式计量仪器。图 4-10 所示光栅式位移传感器采用了光栅常数相等的透射式标尺光栅和指示光栅副。该产品运用了裂相技术和零位标记，从而使传感器具有优异的重复定位性和高的测量精度。其防护密封采用特殊的耐油、耐腐蚀、高弹性、抗氧化的塑胶，防水、防尘性能优良，具有使用寿命长、体积小、重量轻等特点，适用于机床、仪器的长度测量，坐标显示和数控系统的自动测量等。

表 4-3 给出了 BG1 系列光栅式位移传感器的主要技术参数。

表 4-4 和表 4-5 给出了 SGC 系列光栅式位移传感器的技术参数。

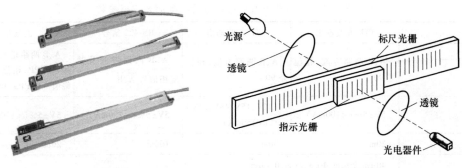

a) 外形图　　　　　　　　　　　　　　　　　b) 工作原理

图 4-10　光栅式位移传感器及其工作原理

表 4-3　BG1 系列光栅式位移传感器的主要技术参数

型　　号	BG1A	BG1B	BG1C
光栅栅距	20μm(0.020mm)、10μm(0.010mm)		
光栅测量系统	透射式红外光学测量系统,高精度性能的光栅玻璃尺		
读数头滚动系统	垂直式五轴承滚动系统,具有优异的重复定位性能和高的测量精度	45°五轴承滚动系统,具有优异的重复定位性能和高的测量精度	
防护密封	采用特殊的耐油、耐腐蚀、高弹性、抗氧化的塑胶,防水、防尘性能优良,使用寿命长		
分辨力	0.5μm	1μm	5μm
有效行程	50~3000mm(每隔 50mm 一种长度规格,整体光栅不接长)		
工作速度	>60m/min		
工作环境	温度为 0~50℃,湿度≤90(20℃±5℃)		
工作电压	5V±5%、12V±5%		
输出信号	TT 正弦波(相位相差 90°的 A、B 两个正弦波信号)		

表 4-4　SGC 系列光栅式位移传感器的技术参数

主型号	SGC-5
输出信号	TTL、HTL、RS-422、~1VPP
有效量程/mm	100~1500
零位参考点	每 50mm 一个或每 200mm 一个,采用距离编码
栅距/mm	0.02(50 线对/mm)、0.04(25 线对/mm)
分辨力/μm	10、5、1、0.5
精度/μm	±10、±5、±3(20℃、1000mm)
响应速度/(m/min)	60、120、150
工作温度/℃	0~50
存储温度/℃	-40~55

表 4-5　SGC 系列光栅式位移传感器的电信号输出参数

输出形式	TTL 方波输出	HTL 方波输出	RS-422 信号	正弦波
输出信号	A、B 两路方波,相位差 90°	A、B 两路方波,相位差 90°	A、B 两路方波及其反相信号 $\overline{A}$、$\overline{B}$	A、B 两路正弦电压信号 ~1VPP,相位差 90°,幅值 = 1VPP±20%
电源电压	5V±5%(<100mA)	(12V、15V、18V、24V)±5%(<150mA)	5V±5%(<150mA)	5V±5%(<150mA)
最大电缆长度	20m	30m	100m	20m
信号周期	40μm、20μm、4μm、2μm、0.4μm			

由表 4-4、表 4-5 可知,光栅式位移传感器的输出信号为两个相位相差 90°的信号,在实际应用中,主要任务是对传感器的输出信号进行放大、整形、辨向、细分及计数,根据计数结果计算出位移量。

为了方便光栅式位移传感器的应用,国内生产光栅式位移传感器的厂家研制了多种型号的光栅数显表,可以与光栅式位移传感器连接。所以对于用户来说,只要能根据被测量设备(如机床)的最大行程选择合适的光栅式位移传感器及光栅数显表,即可构成数字式位移测量系统。本项目中,将简要介绍光栅数显表的基本原理及其组成,重点介绍光栅式位移传感器及光栅数显表的安装。

目前,光栅数显表主要有两种类型,即数字逻辑电路数显表和以 MCU 为核心的智能化数显表。前者由传统的放大、整形、细分、辨向电路,可逆计数器及数字译码显示器等电路组成,如图 4-11 所示。随着可编程逻辑器件的广泛使用,将细分、辨向、计数器、译码驱动电路可通过 CPLD 来实现,数显表的电路大为简化,体积缩小很多。

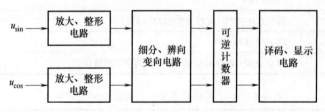

图 4-11　数字逻辑电路数显表的组成

图 4-12 所示为基于 MCU 的光栅数显表的功能框图,图中传感器的输出信号经放大、整形后,送到 MCU 及相关电路进行辨向、细分及计数,处理后将位移值显示在显示器件上。由于微控制器具有强大的处理能力,此类光栅数显表除了能显示位移之外,还能打印实时数据,并可以与上位机进行通信。

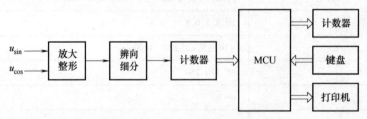

图 4-12　基于 MCU 的光栅数显表的功能框图

 **项目实施**

1. 光栅式位移传感器的安装方式

光栅式位移传感器的安装比较灵活，可安装在机床的不同部位，一般将光栅尺安装在机床的工作台（滑板）上，随机床走刀而动，读数头固定在床身上，尽可能使读数头安装在光栅主尺的下方。其安装方式的选择必须注意切屑、切削液及油液的溅落方向。如果由于安装位置限制必须采用读数头朝上的方式安装，则必须增加辅助密封装置。另外，一般情况下，读数头应尽量安装在相对机床静止的部件上，因此时输出导线不移动，易固定，而光栅尺尺身则应安装在相对机床运动的部件（如滑板）上。

（1）安装基面　安装光栅式位移传感器时，不能直接将传感器安装在粗糙不平的床身上，更不能安装在打底涂漆的床身上。光栅尺及读数头应分别安装在机床相对运动的两个部件上。应用千分表检查机床工作台的光栅尺安装面与导轨运动方向的平行度，即将千分表固定在床身上，移动工作台进行测量，要求平行度公差为 0.1mm/1000mm。如果不能达到这个要求，则需设计并加工一件光栅尺尺身，要求如下：

1）应加一根与光栅尺尺身长度相等的基座（基座最好长出光栅尺 50mm 左右）。

2）该基面通过铣、磨工序加工，以保证平行度公差。另外，还需加工一件与光栅尺尺身基面等高的读数头基座。读数头基座与尺身基座的总平行度误差不得大于 ±0.2mm。

安装时，调整读数头的位置，使读数头与光栅尺尺身的平行度误差小于 0.1mm，读数头与光栅尺尺身之间的间距在 1~1.5mm 范围内。

（2）光栅尺的安装　将光栅尺用螺钉安装在机床工作台的安装面上，但不要拧紧螺钉，把千分表固定在床身上，移动工作台（主尺与工作台同时移动），测量光栅尺平面与机床导轨运动方向的平行度，调整螺钉位置，当平行度误差满足要求时，把螺钉拧紧。在安装光栅尺时，应注意如下三点：

1）如果要安装超过 1.5m 的光栅尺，则不能只安装两端头，需在整个光栅尺尺身中有支撑。

2）在有基面的情况下安装好后，最好用一个卡子卡住光栅尺尺身中点（或几点）。

3）不能安装卡子时，最好用玻璃胶粘住光栅尺尺身，使光栅式位移传感器与光栅尺固定好。

（3）读数头的安装　在安装读数头时，首先应保证读数头的基面达到安装要求；然后安装读数头，其安装方法与光栅尺的安装方法相似；最后调整读数头，使读数头与光栅尺的平行度符合要求，读数头与光栅尺的间距控制在 1~1.5mm。

（4）限位装置　光栅式位移传感器全部安装完以后，一定要在机床导轨上安装限位装置，以免机床工作时读数头冲撞到主尺两端而损坏光栅尺。另外，在选购光栅式位移传感器时，应尽量选用超出机床加工尺寸 100mm 左右的光栅尺，以留有余量。

光栅式位移传感器安装完毕后，可接通数显表，移动工作台，观察数显表计数是否正常。在机床上选取一个参考位置，来回移动工作点至该选取的位置。光栅主尺及读数头的数显表读数应相同（或回零）。另外也可使用千分表（或百分表）校对尺寸的一致性，将千分表与数显表同时调至零（或记忆起始数据），往返多次后回到初始位置，观察数显表与千分表的数据是否一致。

对于一般的机床加工环境，由于铁屑、切削液及油污较多，光栅式位移传感器应加装保护罩。保护罩是按照光栅式位移传感器的外形放大而留一定的空间尺寸来设计的，通常采用橡胶密封，具备一定的防水、防油能力。

2. 光栅式位移传感器的使用注意事项

1）应关闭电源后进行光栅式位移传感器与数显表插头的插拔。

2）尽可能外加保护罩，并及时清理溅落在光栅尺上的切削液和油污，严格防止任何异物进入光栅式位移传感器壳体内部。

3）定期检查各安装螺钉是否松动。

4）为延长防尘密封条的寿命，可在密封条上均匀涂上一薄层硅油，注意勿溅落在光栅尺的表面上。

5）为保证光栅式位移传感器的可靠性，可每隔一定时间用乙醇与纯净水的混合液擦拭光栅尺表面，保持光栅尺的表面清洁。

6）严禁剧烈振动及摔打光栅式位移传感器，以免损坏光栅尺。若光栅尺断裂，则光栅式位移传感器失效。

7）不要自行拆开光栅式位移传感器，更不能任意改动光栅式位移传感器与光栅尺的相对间距，否则一方面可能破坏光栅式位移传感器的精度；另一方面还可能造成光栅式位移传感器与光栅尺的相对摩擦，损坏了铬层，即损坏了栅线，从而造成光栅尺报废。

8）应注意防止油及水污染光栅尺面，避免破坏光栅尺的线条纹分布，从而避免由此引起的测量误差。

9）光栅式位移传感器应尽量避免在有严重腐蚀作用的环境中工作，以免腐蚀光栅铬层及光栅尺表面，影响光栅尺质量。

3. 光栅式位移传感器常见故障及排除方法

1）接电源后数显表无显示。

① 检查电源线是否断线，插头接触是否良好。

② 检查数显表电源熔丝是否熔断。

③ 检查供电电压是否符合要求。

2）数显表不计数。

① 将传感器插头插至另一台数显表上，若传感器能正常工作，则说明原数显表有问题。

② 检查传感器电缆有无断线、破损。

3）数显表间断计数。

① 检查光栅尺安装是否正确，光栅尺所有固定螺钉是否松动，光栅尺是否被污染。

② 检查插头与插座是否接触良好。

③ 检查光栅尺移动时是否与其他部件刮碰、摩擦。

④ 检查机床导轨运动副精度是否过低，从而造成光栅工作间隙变化。

4）数显表显示报警。

① 检查是否没有接传感器。

② 检查传感器移动速度是否过快。

③ 检查光栅尺是否被污染。

5）传感器移动后只有末位显示器闪烁。

① 检查是否为 A 相或 B 相无信号或只有一相有信号。

② 检查是否有一路信号线不通。

③ 检查光电晶体管是否损坏。

6）光栅式位移传感器只有一个方向计数，而另一个方向不计数（即单方向计数）。

① 检查光栅式位移传感器 A、B 信号输出是否短路。

② 检查光栅式位移传感器 A、B 信号移相是否正确。

③ 检查数显表是否有故障。

7）读数头移动时发出"吱吱"声或移动困难。

① 检查密封胶条是否有裂口。

② 检查指示光栅是否脱落。若脱落，会导致标尺光栅产生严重接触摩擦。

③ 检查下滑体滚珠是否脱落。

④ 检查上滑体是否严重变形。

8）光栅式位移传感器安装后，其显示值不准。

① 检查安装基面是否符合要求。

② 检查光栅尺和读数头安装是否符合要求。

③ 检查是否发生严重碰撞。严重碰撞会使光栅副位置变化。

知 识 链 接

一、位移传感器的分类

位移传感器的类型很多，根据其信号输出形式，可以分为模拟式和数字式两大类，如图 4-13 所示；根据被测试件的运动形式，位移传感器可分为线位移传感器和角位移传感器，线位移是指沿着某一直线移动，角位移是指沿着某一定点转动；根据被测位移量的大小可以分为微位移传感器和大位移传感器。

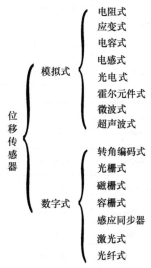

位移传感器
模拟式
电阻式
应变式
电容式
电感式
光电式
霍尔元件式
微波式
超声波式

数字式
转角编码式
光栅式
磁栅式
容栅式
感应同步器
激光式
光纤式

图 4-13　位移传感器的分类

二、各种位移传感器的特点

表 4-6 给出了常用位移传感器的主要性能参数及特点。

表 4-6　常用位移传感器的主要性能参数及特点

类　型			测量范围	精确度	线性度	特　点
电阻式	滑线式	线位移	1～300mm	±0.1%	±0.1%	分辨力较高,可用于静态、动态测量,机械结构不牢固
		角位移	0(°)～360°	±0.1%	±0.1%	
	变阻式	线位移	1～3000mm	±0.5%	±0.5%	分辨力低、电噪声大,机械结构牢固
		角位移	0～60 周	±0.5%	±0.5%	
	应变片式	非粘贴式	1μm～100mm 0°～360°	0.1%	±0.1%	机械结构不牢固
		粘贴式	0.1～10mm 0.1°～30°	2%～3%	±0.1%～±1%	机械结构牢固,需要温度补偿和高绝缘电阻
		半导体式	0.01～5mm 0.01°～5°	2%～3%	±20%	输出大,对温度敏感
电容式	变面积		10^{-3}～100mm	0.005%	±1%	易受温度、湿度变化影响,测量范围小,线性范围小,分辨力高
	变极距		10^{-3}～10mm	0.1%	±1%	
电感式	自感式	变间隙式	±0.2mm	1%	±3%	限于微小位移测量
		螺线管式	1.5～2mm	1%	±1%～±5%	方便可靠,动态特性差
		特大型	200～300mm	1%	0.15%～1%	
	差动变压器式		±0.08～±75mm	1%	±0.5%	分辨力很高,有干扰磁声时需屏蔽
	电涡流式		0～100mm	±0.5%	<±3%	分辨力很高,受被测量物体材质、形状、加工质量的影响
	同步机		360°	±(0.1°～0.7°)	±0.05°	对温度、湿度不敏感转速下工作
	微动同步器		±10°	±(0.1°～0.7°)	±0.05°	非线性误差与电压比及测量范围有关
	旋转变压器		±60°	±(0.1°～0.7°)	±0.1%	
感应同步器	直线式		10^{-3}～10000mm	2.5μm		模拟式和数字式混合测量系统,数字显示,直线式分辨力可达 1μm
	旋转式		0°～360°	0.5″		
光栅式	长光栅		10^{-3}～10000mm	3μm/m		工作方式与感应同步器相同,直线式分辨力可达 0.1～1μm
	圆光栅		0°～360°	0.5″		
磁栅式	长磁栅		10^{-3}～1000mm	5μm/m		测量工作速度可达 12m/min
	圆磁栅		0(°)～360°	1″		
转角编码器式	绝对式		0(°)～360°	10^{-6}/r		分辨力高,可靠性高
	增量式		0(°)～360°	10^{-3}/r		

（续）

类型		测量范围	精确度	线性度	特点
霍尔元件式	线性型	±1mm	0.5%	1%	结构简单,动态特性好,分辨力可达 1μm,对温度敏感,量程大
	开关型	>2m	0.5%	1%	
激光式		2m			分辨力可达 0.2μm
光纤式		0.5~5mm	1%~3%	0.5%~1%	体积小、灵敏度高,抗干扰;量程有限,制造工艺要求高
光电式		±1mm			精度高,可靠性高,非接触测量,分辨力可达 1μm,缺点是安装不方便

三、位移的测量方法

目前,位移传感器在机械行业中主要用于位移或位置的测量,如各种机床在加工零件过程中位置的确定、加工零件的尺寸测量等。

1. 直接测量和间接测量

如果位移传感器在工作的过程中所测量的对象就是被测量本身,即直线位移或旋转角位移,则该测量方式为直接测量。用于直接测量的传感器有直接用于直线位移测量的长光栅和长磁栅等,直接用于测量角度的转角编码器、圆光栅、圆磁栅等,如图 4-14a 所示。

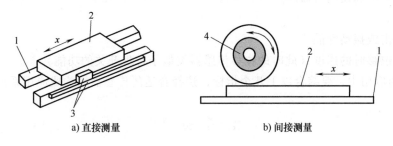

a) 直接测量　　　　　　　　　b) 间接测量

图 4-14　直接测量和间接测量示意图
1—导轨　2—运动部件　3—线位移传感器　4—角位移传感器

如果位移传感器在测量过程中不能直接得到实际值,但可以得到与被测量有一定关系的中间量,通过对中间量的推算而得到实际值,则此测量为间接测量。如图 4-6b 所示,要利用角位移传感器来测量运动部件 2 的移动距离 x,可通过角位移传感器测量出物体 4 的旋转角度 θ,角度所对应的圆弧长度即为位移 x,即

$$x = \frac{\theta}{360}\pi d$$

式中　　d——图 4-6b 中物体 4 的直径。

用线位移传感器进行直线位移的直接测量时,传感器必须与直线行程等长,此时测量精度高,但测量范围受传感器长度的限制;而用角位移传感器进行直线位移的间接测量时,则无长度限制,但由于存在直线与旋转运动的中间传递误差,如机械传动链中的间隙等,故测量精度没有直接测量高。

2. 增量式测量和绝对式测量

增量式测量的特点是只能获得位移增量，即被测部件每移动一个基本长度单位（即传感器的分辨力），位移传感器便发出一个测量脉冲信号，对脉冲信号进行计数，便可得到位移量。例如，增量式测量系统的分辨力为 0.1mm，则被测部件每移动 0.1mm，位移传感器便发出一个脉冲，计数器加 1，当计数到 100 时，则表示被测部件移动了 10mm（100×0.1mm）。增量式位移传感器必须有一个零位标志，作为测量起点，即便如此，如果中途断电，增量式位移传感器仍然无法获知被测部件的绝对位置。

绝对式测量的特点是每一个被测量点都有一个对应的编码，常以二进制数的编码来表示，不同的编码即表示不同的角度或位置。即使断电后再重新上电，也能读出当前位置的数据，如绝对式转角编码器。对于这种编码器，分辨力越高，所需要的二进制数的位数也越多，结构也就越复杂。

四、位移传感器的选用原则

位移传感器种类繁多，其特点、工作原理各不相同，在实际应用中，应根据具体的测量对象、要求、环境等因素合理地选用位移传感器，主要考虑的指标如下：

1）被测量的机械行程，即位移量的大小或旋转角度的大小。

2）线性度。

3）精确度。

4）可重复性和使用寿命。

5）价格。

6）抗冲击或振动性能。

7）物体位移时的速度（此时的位移传感器类似于行程开关的功能）。

在具体的应用中，要综合以上几个指标，选择合适的传感器来构成应用系统。

素养提升

位移传感器是一种可以测量物体位移的传感器，广泛应用于工程领域。它可以通过测量物体的位移来监测和控制各种机械和结构的运动状态，从而实现精确的测量和控制。位移传感器在生活中的应用案例如下。

案例一：高速铁路的安全性和可靠性。高速铁路是现代交通工程中的重要组成部分，大大提高了人们出行的速度和便利性。由于高速列车的运行速度非常高，所以对安全性要求极高。在这种情况下，位移传感器可以用于监测轨道的位移和变形情况，及时发现并修复潜在的安全隐患，确保高速列车的安全运行。

案例二：建筑结构的健康监测。一些建筑物经过长时间的使用和自然环境的变化，会出现一些结构问题，如裂缝、变形等。这些问题可能对建筑物的安全性和稳定性产生负面影响。位移传感器可以用于监测建筑物的位移和变形情况，以便及时发现结构问题，进行维修和加固，保障建筑物的安全性。

上述的两个案例体现了位移传感器在生活中的重要作用，体现了传感器技术与社会发展、人们生活的密切关系。

　　通过本模块的学习，要掌握位移传感器的相关知识，并将其与社会实践相结合，培养工程思维，提升解决问题的能力，增强社会责任感和使命感。

复习与训练

　　1. 测量位移的方法有哪些？可以使用哪些传感器？

　　2. 请分析电位器式位移传感器的工作原理。

　　3. 请分析图 4-1 所示电路的工作原理。

　　4. 在图 4-1 中，若 RP_2 调节后的阻值为 $3k\Omega$，RP_3 调节后的阻值为 $1.8k\Omega$，位移传感器行程为 100mm，当工件运动到 30mm 处时，上、下限位输出信号分别是什么？

　　5. 光栅式位移传感器与其他位移传感器相比，具有什么优点？

　　6. 某光栅式位移传感器的栅距为 100 线/mm，若传感器接收到 1500 个脉冲信号，则位移是多少？

模块五

光敏传感器的应用

自然界中，光是重要的信息媒体。许多物体对光的反应是有规律的。通过一定方法把物体对光学量的反应测量出来，就可以直接或间接反映物体的一些特性。光敏传感器是一种能够感知光线强度和光照变化的传感器。它能够将光信号转换为电信号，并输出相应的电压或电流。光敏传感器应用广泛，如光控开关、自动照明系统、摄像机、光电测距仪等。

光敏传感器的工作原理主要基于光电效应，即光照射到光电器件上时，光能会激发光电器件中的电子，使其产生电荷。根据不同的光电器件材料和结构，光敏传感器可以分为多种类型，包括光敏电阻、光电二极管、光电晶体管、光敏电容等。

光敏传感器的特点是灵敏度高、响应速度快、体积小、功耗低等。它能够实时感知光线强度的变化，并将其转化为电信号，从而实现对光照条件的监测和控制。光敏传感器在自动化控制、环境监测、智能家居等领域具有广泛的应用前景。

光敏传感器和光电传感器是光电器件的两种不同类型，它们在工作原理和应用场景上有一些区别。光敏传感器通常对光源的波长范围有一定的要求，例如某些光敏传感器对红外光敏感，而对可见光不敏感。而光电传感器则可以根据需要选择不同波长的光源进行工作。光敏传感器和光电传感器在输出信号上也有一些区别。光敏传感器通常输出的是电阻或电流的变化，需要通过外部电路进行信号处理。而光电传感器一般直接输出电压或电流信号，更方便接入数字系统进行处理。

总体而言，光敏传感器和光电传感器都是光电器件，但在工作原理、应用场景和输出信号等方面存在一些差异。选择适合的传感器类型取决于具体的应用需求。

🔅 知识点

1）光敏传感器的概念、组成和原理。
2）光敏传感器的类型及特点。
3）光敏传感器的应用领域。
4）光敏传感器的接口电路设计。

🔅 技能点

1）能够选择合适的光敏传感器。
2）能够设计光敏传感器的接口电路。
3）能够调试和校准光敏传感器系统。

光敏电阻

模块学习目标

通过本模块的学习，掌握光敏传感器的原理、类型和特点，了解光敏传感器在不同领域的应用，能够选择合适的光敏传感器并设计相应的接口电路。掌握光敏传感器系统的调试和校准方法，能够在实际工作中应用光敏传感器进行光信号的感知和控制。

项目一　光敏电阻在报警器中的应用

知识点

1）光敏效应及其分类。
2）光敏电阻的工作原理和应用。

技能点

1）掌握光敏电阻的功能、基本特征等。
2）会正确选用光敏电阻。
3）能设计、制作简单的基于光敏电阻的光敏传感器接口电路。

项目目标

利用光敏电阻设计光电报警器电路，使报警器在光照弱时发出声音报警信号。通过项目的完成，了解光敏电阻的工作原理，掌握光敏电阻的特性、参数及接口电路的设计与调试方法。

知识储备

一、光敏效应

光敏效应是指某些材料在光照射下，其电学或光学性质发生变化的现象。根据光敏效应的不同特点，可以将其分为以下几类。

（1）光电效应　光电效应是指当光照射到金属或半导体材料上时，会引起电子的激发或移动，从而产生电流的现象。光电效应包括内光电效应和外光电效应。

（2）光致发光效应　当某些材料受到光照射时，能够产生发光现象，这就是光致发光效应。常见的光致发光材料包括荧光物质和磷光物质。

（3）光致电导效应　光致电导效应是指光照射到某些材料上，引起电导率的变化，从而产生电流的现象。这种效应常用于光敏电阻和光敏电容器等光敏器件中。

（4）光致电荷分离效应　光致电荷分离效应是指光照射到半导体材料中的 PN 结或金属-半导体结，使光生电荷在界面处分离，从而产生电势差和电流的现象。这种效应常用于光电二极管和太阳能电池等器件中。

不同的光敏效应适用于不同的应用领域，如光电探测、光通信、光电转换等。通过利用光敏效应，可以开发出各种光电器件和传感器，实现对光信号的检测、转换和应用。

二、光敏电阻

1. 主要参数

1）暗电阻：光敏电阻在不受光照射时的阻值。此时流过的电流称为暗电流。

2）亮电阻：光敏电阻在受到光照射时的阻值。此时流过的电流称为亮电流。

3）光电流：亮电流与暗电流之差。

2. 结构与工作原理

根据工作原理的不同，内光电效应可分为光电导效应和光生伏特效应。光照射半导体材料时，材料吸收光子而产生电子-空穴对，使导电性能加强，电导率增加，这种现象被称为光电导效应。

光敏电阻是基于内光电效应的光敏传感器，又称为光导管，它几乎都是用半导体材料制成的。光敏电阻没有极性，是一个电阻元件，使用时既可加直流电压，也可以加交流电压。无光照时，光敏电阻的暗电阻很大，电路中的暗电流很小。

当光敏电阻受到一定波长范围的光照时，它的亮电阻急剧减小，电路中电流迅速增大。一般希望暗电阻越大越好，亮电阻越小越好，因为此时光敏电阻的灵敏度高。实际光敏电阻的暗电阻一般为兆欧级，亮电阻在几千欧以下。图 5-1 所示为光敏电阻的结构与基本电路图。它是涂于玻璃底板上的一薄层半导体物质，半导体的两端装有金属电极，金属电极与引出线相连接，光敏电阻通过引出线接入电路。为了防止周围介质的影响，在半导体光敏层上覆盖了一层漆膜，漆膜的成分应使它在光敏层最敏感的波长范围内透射率最大。

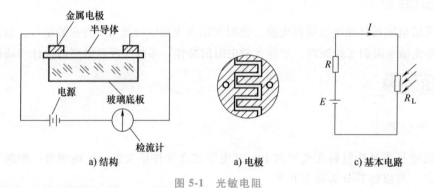

a) 结构　　　　　　　a) 电极　　　　　c) 基本电路

图 5-1　光敏电阻

3. 基本特性

（1）伏安特性　在一定照度下，流过光敏电阻的电流与光敏电阻两端的电压的关系称为光敏电阻的伏安特性。图 5-2 所示为硫化镉光敏电阻的伏安特性曲线。由图可见，在一定的电压范围内，光敏电阻的 $I\text{-}U$ 曲线为直线，说明其阻值与入射光量有关，而与电压、电流无关。在实际使用中，光敏电阻受耗散功率的限制，其工作电压不能超过最高工作电压，图中功耗线是最大连续耗散功率为 500mW 时的允许功耗曲线，一般光敏电阻的工作点选在该曲线以内。

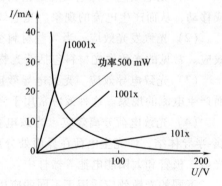

图 5-2　硫化镉光敏电阻的伏安特性曲线

（2）光谱特性　光敏电阻的相对光敏灵敏度（S）与入射波长的关系称为光谱特性，也称为光谱响应。相对灵敏度是指传感器在某一特定条件下（如特定温度等）的灵敏度与其最大灵敏度的比值，通常以百分比表示。图 5-3 所示为几种不同材料光敏电阻的光谱特性。对应于不同波长，光敏电阻的相对灵敏度是不同的。从图 5-3 中可知，硫化镉光敏电阻的光谱响应的峰值在可见光区域，常被用作光度量测量（照度计）的探头。而硫化铅光敏电阻响应于近红外和中红外区，常用作火焰探测器的探头。

（3）温度特性　温度变化影响光敏电阻的光谱响应、相对灵敏度和暗电阻，尤其是响应于红外区的硫化铅光敏电阻，受温度影响很大。图 5-4 所示为硫化铅光敏电阻的光谱温度特性曲线，其相对灵敏度的峰值随着温度上升而向波长减短的方向移动。因此，硫化铅光敏电阻要在低温、恒温的条件下使用。对于可见光的光敏电阻，温度影响要小一些。

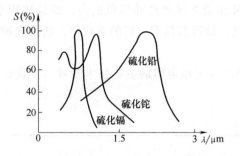

图 5-3　几种不同材料光敏电阻的光谱特性

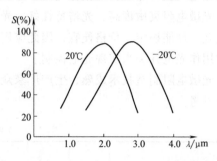

图 5-4　硫化铅光敏电阻的光谱温度特性曲线

（4）光照特性　图 5-5 所示为 CdS 光敏电阻的光照特性曲线，即在一定的外加电压下，光敏电阻的光电流和光通量之间的关系。虽然不同类型光敏电阻的光照特性不同，但其光照特性曲线均呈非线性。因此，它不宜用作定量检测元件，这也是光敏电阻的不足之处，一般在自动控制系统中用作光电开关。

（5）频率特性　光敏电阻的频率特性是指其在不同频率下的光敏响应特性。频率特性通常描述了光敏电阻对光信号频率的响应程度。与频率特性相关的是时延特性，即当光敏电阻受到脉冲光照射时，光电流要经过一段时间才能达到稳定值，而在停止光照后，光电流也不立刻为零。时延特性与频率特性密切相关，通常随着频率的增加，光敏电阻的时延也会相应增加。因为在高频率下，光信号的变化速度较快，光敏电阻需要更多的时间来响应和调整。不同材料的光敏电阻的频率特性不同，如图 5-6 所示。

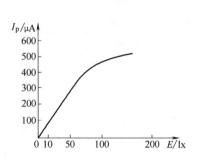

图 5-5　CdS 光敏电阻的光照特性曲线

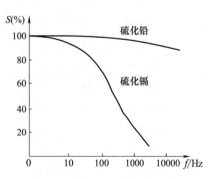

图 5-6　光敏电阻的频率特性

（6）稳定性　初制成的光敏电阻，由于内部机构工作不稳定，以及电阻体与其介质的作用还没有达到平衡，因此性能是不够稳定的。但在人为地加温、加光照及加负载情况下，经过1~2周的老化，光敏电阻的性能可达到稳定状态。光敏电阻在开始一段时间的老化过程中，有些样品阻值上升，有些样品阻值下降，但最后均会达到一个稳定值后不再改变。这就是光敏电阻的主要优点。光敏电阻的使用寿命在密封良好、使用合理的情况下，几乎是无限长的。

项目分析

很多场合需要根据当时不同的光照情况来实现不同的控制，完成不同的工作。本项目利用光敏电阻设计一个弱光报警电路，可以根据光照亮度来发出报警信号。

光敏电阻灵敏度高，光谱特性好，光谱响应可在紫外区到红外区范围内，而且体积小，重量轻，性能稳定，价格便宜，因此应用比较广泛；但因其具有一定的非线性，所以以光敏电阻常用作光电开关来实现光电控制。

光敏电阻制造技术成熟，生产厂家众多。表5-1为光敏电阻的主要技术参数，供设计电路时参考。

表 5-1　光敏电阻的主要技术参数

规格	型号	最大电压/V	最大功耗/mW	环境温度/℃	光谱峰值/m	亮电阻(10lx)/kΩ	暗电阻/MΩ	响应时间/ms	
								上升	下降
φ3 系列	GL3516	100	50	−30~70	540	5~10	0.6	30	30
	GL3526	100	50	−30~70	540	10~20	1	30	30
	GL3537-1	100	50	−30~70	540	20~30	2	30	30
	GL3537-2	100	50	−30~70	540	30~50	3	30	30
	GL3547-1	100	50	−30~70	540	50~100	5	30	30
	GL3547-2	100	50	−30~70	540	100~200	10	30	30
φ4 系列	GL4516	150	50	−30~70	540	5~10	0.6	30	30
	GL4526	150	50	−30~70	540	10~20	1	30	30
	GL4537-1	150	50	−30~70	540	20~30	2	30	30
	GL4527-2	150	50	−30~70	540	30~50	3	30	30
	GL4548-1	150	50	−30~70	540	50~100	5	30	30
	GL4548-2	150	50	−30~70	540	100~200	10	30	30
φ5 系列	GL5516	150	90	−30~70	540	5~10	0.5	30	30
	GL5528	150	100	−30~70	540	10~20	1	20	30
	GL5537-1	150	100	−30~70	540	20~30	2	20	30
	GL5537-2	150	100	−30~70	540	30~50	3	20	30
	GL5539	150	100	−30~70	540	50~100	5	20	30
	GL5549	150	100	−30~70	540	100~200	10	20	30
	GL5606	150	100	−30~70	560	4~7	0.5	30	30

（续）

规格	型号	最大电压/V	最大功耗/mW	环境温度/℃	光谱峰值/m	亮电阻(10lx)/kΩ	暗电阻/MΩ	响应时间/ms 上升	响应时间/ms 下降
φ5 系列	GL5616	150	100	-30~70	560	5~10	0.8	30	30
	GL5626	150	100	-30~70	560	10~20	2	20	30
	GL5637-1	150	100	-30~70	560	20~30	3	20	30
	GL5637-2	150	100	-30~70	560	30~50	4	20	30
	GL5639	150	100	-30~70	560	50~100	8	20	30
	GL5649	150	100	-30~70	560	100~200	15	20	30
φ7 系列	GL7516	150	100	-30~70	540	5~10	0.5	30	30
	GL7528	150	100	-30~70	540	10~20	1	30	30
	GL7537-1	150	150	-30~70	540	20~30	2	30	30
	GL7537-2	150	150	-30~70	560	30~50	4	30	30
	GL7539	150	150	-30~70	560	50~100	8	30	30
φ10 系列	GL10516	200	150	-30~70	560	5~10		30	30
	GL10528	200	150	-30~70	560	10~20	2	30	30
	GL10537-1	200	150	-30~70	560	20~30	3	30	30
	GL10537-2	200	150	-30~70	560	30~50	5	30	30
	GL10539	250	200	-30~70	560	50~100		30	30
φ12 系列	GL12156	250	200	-30~70	560	5~10	1	30	30
	GL12528	250	200	-30~70	560	10~20	2	30	30

注：1. 亮电阻为有光照时的电阻值，表中数据为光照为10lx时的电阻值。
2. 暗电阻为无光照时的电阻值

项目实施

1. 电路原理

图 5-7 为由光敏电阻构成的光电报警器电路原理图。

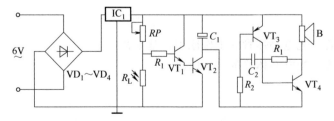

图 5-7 光电报警器电路原理图

图中 R_L 为普通光敏电阻，光照越弱，阻值越大，即 R_L 所分得的电压就大。因为 VT_1、VT_2 所需要的导通电压为 1.4V 以上，所以如果 R_L 分得的电压达不到此限值，则 VT_1、VT_2 截止，扬声器 B 不工作；当 R_L 两端电压超过此限值时，则 VT_1、VT_2 导通，扬声器 B 工作。

工作原理：当光照比较强时，R_L 的阻值较小，IC_1 输出的 6V 电压主要作用在 RP 上，R_L 分得的电压较小，VT_1、VT_2 截止，由 VT_3、VT_4、R_1、R_2、C_2 及 B 构成的自激振荡器因无电压而不工作；当光照减弱时，R_L 阻值增大，R_L 分得的电压增加，当该电压超过 1.4V 时，VT_1、VT_2 导通，为后级自激振荡器提供电源，自激振荡器工作，扬声器发出声音，且光照越弱，声音越大。

在图 5-7 中，RP 为报警起控点调节电阻，调节 RP 即可调节电路发出报警信号时的光照强度。

2. 电路制作

1）按原理图选择元器件并检测元器件的好坏。各元器件的型号或参数见表 5-2。

表 5-2　各元器件的型号或参数

元器件	型号或参数	元器件	型号或参数
$VD_1 \sim VD_4$	1N4007	IC_1	100μF/16V
C_1	7806	C_2	0.033μF
VT_1	9011	R_1	2M
VT_2	9013	R_2	47
VT_3	9012	R_3	1
VT_4	9013	RP	100HD
R_L	光敏电阻		

2）设计、制作印制电路板。

3）焊接电路。

3. 电路调试

电路制作完成后，需要调节报警点，采用遮挡的方法来调节，观察当 R_L 有光照和无光照时，电路的工作状态。正常情况下，适当调节 RP，当遮住照射到 R_L 的光线时，扬声器应发出声响，且光线越暗，声音越大。若电路不发出声响，则应检测相应的电路。

项目二　光电二极管在路灯控制器中的应用

知识点

1）光电二极管、光电晶体管的工作原理、基本特性等。
2）光电二极管、光电晶体管的接口电路。

技能点

1）能利用光电二极管、光电晶体管设计并制作简单的光敏传感器接口电路。
2）会调试光敏传感器接口电路。

项目目标

利用光电二极管或光电晶体管设计制作路灯控制器，根据光照情况实现光控，白天灯熄，晚上灯亮。通过本项目，了解光电二极管的特性、构成和工作原理，掌握其接口电路。

 **知识储备**

光电二极管与
光电晶体管

一、光生伏特效应

在光线作用下能够使物体产生一定方向的电动势的现象称为光生伏特效应。光生伏特效应包括势垒效应（结光电效应）和侧向光电效应。基于该效应的光电器件有光电池、光电二极管和光电晶体管。

二、光电二极管

光电二极管的结构与一般二极管相似。它装在透明玻璃外壳中，其 PN 结装在管的顶部，可以直接受到光照射。光电二极管的外形、图形符号及其基本电路如图 5-8 所示。光电二极管在电路中一般处于反向工作状态，在没有光照射时，反向电阻很大，反向电流很小，该反向电流称为暗电流。当光照射在 PN 结上时，光子打在 PN 结附近，使 PN 结附近产生光生电子和光生空穴对。它们在 PN 结处的内电场作用下做定向运动，形成光电流。光的照度越大，光电流越大。因此，光电二极管在不受光照射时处于截止状态，受光照射时处于导通状态。

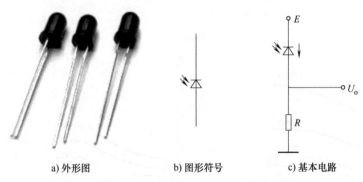

a) 外形图　　　　b) 图形符号　　　　c) 基本电路

图 5-8　光电二极管的外形、图形符号及其基本电路

三、光电晶体管

光电晶体管与一般晶体管很相似，具有两个 PN 结，只是它的发射极一侧做得很大，以扩大光的照射面积。光电晶体管的外形、图形符号及基本电路如图 5-9 所示。大多数光电晶

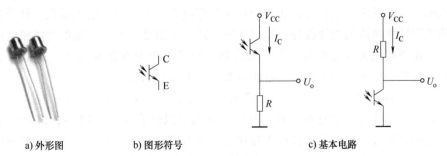

a) 外形图　　　　b) 图形符号　　　　c) 基本电路

图 5-9　光电晶体管的外形、图形符号及基本电路

体管的基极无引出线，当集电极加上相对于发射极为正的电压而不接基极时，集电结就是反向偏压；当光照射在集电结上时，就会在集电结附近产生电子-空穴对，从而形成光电流，相当于晶体管的基极电流。由于基极电流的增加，集电极电流是光生电流的 β 倍，因此光电晶体管有放大作用。

四、光电二极管和光电晶体管的基本特性

（1）光谱特性　光电二极管和光电晶体管的光谱特性曲线如图 5-10 所示。从曲线可以看出，硅管的峰值波长约为 $0.9\mu m$，锗管的峰值波长约为 $1.5\mu m$，此时相对灵敏度最大，而当入射光的波长增加或缩短时，灵敏度也相对下降。一般来讲，锗管的暗电流较大，性能较差，因此在探测可见光或炽热状态物体时，一般都用硅管。但在探测红外光时，锗管较为适宜。

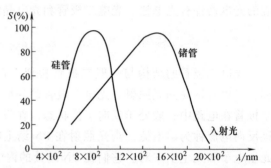

图 5-10　光电二极管和光电晶体管的光谱特性曲线

（2）伏安特性　硅光敏管在不同照度下的伏安特性曲线如图 5-11 所示。从图中可见，硅光电晶体管的光电流比相同管型的二极管大上百倍。

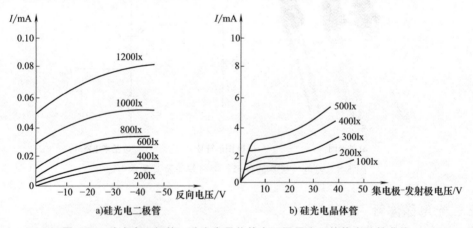

图 5-11　硅光电二极管、硅光电晶体管在不同照度下的伏安特性曲线

（3）光照特性　图 5-12 给出了硅光电二极管和硅光电晶体管的输出电流和照度之间的关系。从图中可以看出，它们是正相关的：光照度越大，产生的光电流越强。另外，硅光电二极管的光照特性曲线的线性较好。而硅光电晶体管在照度较小时，光电流随照度的增大而缓慢增大，在照度较大（光照度为几千勒克斯）时光电流存在饱和现象，这是由于硅光电晶体管的电流放大倍数在小电流和大电流时都有所下降的缘故。

（4）频率特性　图 5-13 所示为光敏管输出的光电流（或相对灵敏度）与光强变化频率的关系。光电二极管的频率特性很好，其响应时间可以达到 $10^{-8} \sim 10^{-7} s$，因此它适用于测量快速变化的光信号。光电晶体管由于存在发射结电容和基区渡越时间，因此其频率响应比光电二极管差。与光电二极管一样，光电晶体管的负载电阻越大，高频响应就越差，所以在

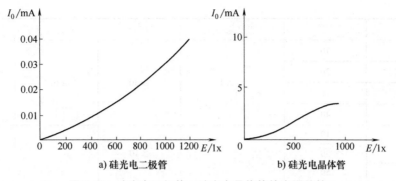

图 5-12　硅光电二极管、硅光电晶体管的光照特性

高频应用中应尽量降低负载电阻的阻值。

五、光电二极管和光电晶体管的主要差别

（1）光电流　光电二极管的光电流一般只有几微安到几百微安，而光电晶体管的光电流一般都在几毫安以上，至少也有几百微安，两者相差十倍甚至百倍。光电二极管与光电晶体管的暗电流则相差不大，一般不超过 $1\mu A$。

（2）响应时间　光电二极管的响应时间在 100ns 以下，而光电晶体管的响应时间为 $5 \sim 10\mu s$。因此，当工作频率较高时，应选用光电二极管；只有在工作频率较低时，才选用光电晶体管。

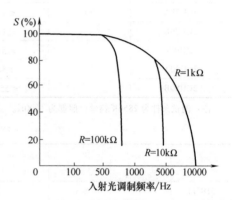

图 5-13　光敏管频率特性

（3）输出特性。光电二极管有很好的线性特性，而光电晶体管的线性较差。

项目分析

很多场合需要根据当时不同的光照情况来实现不同的控制，完成不同的工作。在光控电路中，除了使用光敏电阻外，也可以使用光电二极管、光电晶体管。本项目利用光电二极管设计一个简单的控制电路，实现路灯的自动控制，从而加强对光电二极管、光电晶体管控制电路的了解。

在应用上，光电二极管与光电晶体管除了光电流不同之外，其接口电路的形式基本相同，表 5-3 和表 5-4 分别给出了国产光电二极管和光电晶体管的主要技术参数，供设计电路时参考。

表 5-3　国产光电二极管的主要技术参数

型号	最高反向电压/V	暗电流/μA	光电流/μA	光灵敏度	结电容/pF
2CUIA	10				
2CUIB	20	≥0.2	≥80	≥0.4	≤5
2CUIC	30				
2CUID	40				

（续）

型号	最高反向电压/V	暗电流/μA	光电流/μA	光灵敏度	结电容/pF
2CLPA	10				
2CLB	20	≤0.1	≥30	≥0.4	≤3
2CLC	30				
2CLD	40				
2CL5A	10				
2CL5B	30		≥10		≤3
2CLSC	50				
2CU79		≤1×10^{-2}			
3CU79A	30	≤1×10^{-3}	≥2	≥0.4	≤30
2CU79B		≤1×10^{-4}			
2CU80		≤5×10^{-2}			
2CU80A	30	≤5×10^{-3}	≥3.5	0.45	≤30
2CU80B		≤55×10^{-4}			

注：测试条件为2856K钨丝，照度为1000lx。

表5-4　国产光电晶体管的主要技术参数

型号	反向击穿电压/V	最高工行电压/V	暗电流/μA	光电流/mA	峰值波长/nm	最大功耗/mW	开关时间/μs t_r	t_d	t_f	t_s	环境温度/℃
3DU11	>15	≤10				30					
3DU12	>45	≤30		0.5~1		50					
3DU13	≥75	≤50				100					
3DU21	≥15	≤10				30					
3DU22	≥45	≤30	≤0.3	1~2		50					−40~125
3DU23	≥75	≤50				100					
3DU31	≥15	≤10			8500	30					
3DU32	≥45	≤30		>2.0		50	≤3	≤2	≤3	≤1	
3DU33	≥75	≤50				100					
3DU51A	≥15	≤10		≥0.3							
3DU51	≥15	≤10									
3DU52	≥45	≤30	≤0.2	≥0.5		30					−55~125
3DU53	≥75	≤50									
3DU54	≥45	≤30		≥1							
3DU011	≥15	≤10	≤0.3	0.05~0.1	8800	30					−40~125
3DU012	≥45	≤30				50					

注：1. 暗电流 I_D。在无光照的情况下，集电极与发射极间的电压为规定值时，流过集电极的反向漏电流称为光电晶体管的暗电流。

2. 光电流 I_L。在规定光照下，当施加规定的工作电压时，流过光电晶体管的电流称为光电流。光电流越大，说明光电晶体管的灵敏度越高。

3. 集电极-发射极击穿电压 V_{CE}。在无光照下，集电极电流 I_C 为规定值时，集电极与发射极之间的电压降称为集电极-发射极击穿电压，即反向击穿电压。

4. 最高工作电压 V_{RM}。在无光照下，集电极电流 I_C 为规定值时，集电极与发射极之间的电压降称为最高工作电压。

5. 最大功率 P_M。最大功率指光电晶体管在规定条件下能承受的最大功率。

不管是光电二极管还是光电晶体管，都是将光转换成光电流，所以其检测电路就是将该光电流转换成电压，由该电压来控制相应的控制电路，实现某些自动控制。从表 5-3 和表 5-4 也可以看出，相同光照下，光电晶体管的光电流比光电二极管的光电流要大得多，而价格又相差不多，所以在实际应用中，应尽可能选用光电晶体管。

项目实施

1. 电路工作原理

图 5-14 为路灯控制器电路原理图。图中，光电二极管 VD_1（也可用光电晶体管）作为感光器件，将光信号转换成电信号；IC_1 为 CD40106，起到整形的作用，同时也可提高抗干扰的能力；VT_1 为驱动晶体管，用于实现对继电器的控制。光线较暗时，VD_1 产生的光电流很小，经 R_1 和 VR_1 后，产生的电压比较小（小于 3V），此时，IC_1 输出高电平（4.9V），VT_1 导通，继电器 K 得电，常开触点闭合，路灯通电发光；当光线逐渐增强时，VD_1 中的光电流逐渐增大，当 IC_1 输入电压超过 3V 时，其输出电压变为低电平（0.1V），VT_1 截止，继电器 K 失电，常开触点断开，路灯断电熄灭。调节 VR_1 即可以调节起控亮度。VD_2 为续流二极管，对 VT_1 起保护作用。

图 5-15 所示为 CD40106 的输入-输出特性曲线。

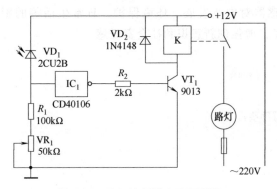

图 5-14　路灯控制器电路原理图

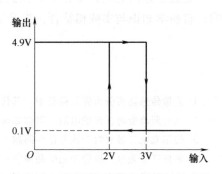

图 5-15　CD40106 的输入-输出特性曲线

2. 电路制作与调试

1）根据原理图选择合适的元器件。

2）制作电路板并焊接电路，也可用万能板搭建。

3）调试电路。电路制作完成后，调节照射到 VD_1 的光线，观察被控电器是否按设计要求工作；并可适当调节 VR_1，改变电路的起控点，以便达到控制的要求。

3. 光电二极管安装注意事项

光电二极管为控制器的感光部分，因此安装时要确保光电二极管能顺利感受到光照的变化，并要防止因干扰而产生误动作，如树叶或其他物体的遮挡都会导致传感器感受不到光照的变化。

素 养 提 升

光敏传感器在各行业的应用广泛，案例如下。

案例一：光敏传感器在智能农业中可以实现农作物的自动化监控和管理。光敏传感器可以感知光照强度，根据不同作物的生长需求，自动调节灯光的亮度和照射时间，提供最适宜的光照环境。通过光敏传感器的应用，可以提高农作物的生长速度和品质，实现农业生产的可持续发展。

案例二：光敏传感器在环境监测中可以实时感知光照强度和光照变化，监测环境的光照水平。光敏传感器通过采集和分析数据，可以及时发现光污染、光照不足等问题，并采取相应的措施保护环境。

案例三：光敏传感器在智能交通中可以实时感知光照强度和光照变化，根据光照情况自动调节路灯亮度和交通信号灯持续时间。通过光敏传感器的应用，可以提高交通安全性和能源利用率。

案例四：光敏传感器在医疗行业中可以实现对患者的光照监测和调节。光敏传感器通过采集和分析数据，可以实时监测光照情况，根据医生的指示自动调节光照强度和光照时间，提供最适宜的治疗环境。

案例五：光敏传感器在智能家居中可以实现对室内光照的智能调节。光敏传感器通过采集和分析数据，可以实时感知室内的光照强度和光照变化，根据家居主人的需求自动调节灯光的亮度和持续时间，提供最舒适的居住环境。

通过上述的案例，要充分认识到光敏传感器对农业发展、环境保护、日常生活等的影响，将所学知识与实践相结合，提升工程素养，增强创新意识和社会责任感。

复习与训练

1. 光敏传感器可分为哪几种类型？其代表器件有哪些？
2. 当光照改变时，光敏电阻的阻值如何变化？
3. 使用光电二极管时应注意什么问题？
4. 如何区分光电二极管和光电晶体管？
5. 举出日常生活中光敏传感器的应用实例。

模块六

气敏传感器与湿敏传感器的应用

随着科学技术的发展和社会的进步，生产过程控制、环保、安全、办公、家庭等各方面的自动化正在迅速发展。作为感官或信息输入部分之一的气敏传感器是不可缺少的。气敏传感器是对气体（多为空气）中所含特定气体成分（即待测气体）的物理或化学性质迅速感应，并把这一感应状态转换为适当的电信号，从而提供有关待测气体是否存在及其浓度信息的传感器。

对湿度的测量和控制对人类日常生活、工业生产、气象预报、物资仓储等都起着极其重要的作用。湿度是纺织行业五大检控技术指标之一，相对湿度过高、过低均影响纺织品的质量。湿度也是气象观测的基本参数之一，其测量的准确性直接决定着天气预报的准确性。因此，湿度传感器及信号变送器的研究十分重要。

知识点

1）气敏传感器和湿敏传感器的概念、分类、特性和工作原理等基础知识。
2）气敏传感器和湿敏传感器的应用领域。
3）气敏传感器和湿敏传感器的接口电路设计。

技能点

1）能够选择合适的气敏传感器和湿敏传感器。
2）能够设计气敏传感器和湿敏传感器的接口电路。
3）能够调试和校准气敏传感器和湿敏传感器系统。

模块学习目标

通过本模块的学习，掌握气敏传感器和湿敏传感器的工作原理、类型和特性，了解它们在不同领域的应用，能够选择合适的气敏传感器和湿敏传感器，并设计相应的接口电路。掌握气敏传感器和湿敏传感器系统的调试和校准方法，以便在实际工作中应用它们进行气体和湿度信号的感知和控制。

项目一　气敏传感器在有害气体检测中的应用

知识点

1）气敏传感器的分类、主要参数与特性。

2）电阻型半导体气敏传感器的工作原理及实例。

3）电阻型气敏传感器的接口电路。

技能点

1）掌握气敏传感器的分类、参数、使用等。

2）能设计、制作并调试电阻型气敏传感器的接口电路。

项目目标

应用气敏传感器设计一款有害气体泄漏报警与控制电路，并完成电路调试。通过本项目的学习，掌握气敏传感器的特点，了解其主要参数，学会正确使用气敏传感器。

知识储备

一、气敏传感器的分类

气敏传感器有多种不同的分类方法。根据检测对象的不同，可分为可燃性气敏传感器、毒气传感器、氧气传感器和水蒸气传感器等。根据测量信号方式的不同，可分为电流测定型气敏传感器、电位测定型气敏传感器等。根据材料的不同，可分为半导体气敏传感器、固体电解质气敏传感器及其他材料的气敏传感器。根据气体分子与传感器敏感元件间相互作用的不同，可分为以下几种。

1）利用待测气体的化学吸附与反应的气敏传感器，主要是指对可燃气体敏感的气敏半导体传感器。它利用吸附分子的表面化学反应引起表面附近的电子或空穴浓度变化，从而使表面电导发生变化。这类传感器的敏感元件有 ZnO、SnO_2 等，用于检测可燃气、CO、N_2、烃类等气体。

2）利用气体成分的反应性的气敏传感器，如催化燃烧式可燃性气敏传感器。它利用可燃气体在敏感元件表面氧化燃烧时因温度升高而引起的铂丝电阻变化，测量可燃气体的浓度。

3）利用待测气体对固体的平衡分配的气敏传感器，如半导体氧敏传感器和电导型半导体可燃性气敏传感器。属于这类传感器的敏感元件有 TiO 和 CoO 等，可用于氧、煤气、液化气、酒精等的检测。

4）利用气体成分选择性透过的气敏传感器，如固体电解质氧敏传感器。当敏感元件两侧的氧浓度不同时，形成的浓差电池电动势也不同，可用来检测氧浓度的变化。这类敏感元件有 $ZrO_2\text{-}CaO$、$ZrO_2\text{-}Y_2O_3$、$ZrO_2\text{-}MgO$、$TrO_2\text{-}Y_2O_3$ 等。

二、气敏传感器的主要参数与特性

（1）灵敏度　灵敏度是气敏传感器的一个重要参数，标志着气敏传感器对气体的敏感程度，决定了其测量精度。

（2）响应时间　从气敏传感器与被测气体接触，到气敏传感器的特性达到新的恒定值所需要的时间，称为响应时间，它是反映气敏传感器对被测气体浓度反应速度的参数。

（3）选择性　在多种气体共存的条件下，气敏传感器区分气体种类的能力称为选择性。对某种气体的选择性好，就表示该气敏传感器对该气体的检测具有较高的灵敏度。选择性是气敏传感器的重要参数，也是目前较难解决的问题之一。

（4）稳定性　气体浓度不变时，若其他条件发生变化，在规定的时间内气敏传感器输出特性维持不变的能力，称为稳定性。稳定性表示气敏传感器对于气体浓度以外的各种因素的抵抗能力。

（5）温度特性　气敏传感器灵敏度随温度变化的特性称为温度特性。温度有元件自身温度与环境温度之分。这两种温度对灵敏度都有影响。元件自身温度对灵敏度的影响相当大，可通过温度补偿来解决该问题。

（6）湿度特性　气敏传感器的灵敏度随湿度变化的特性称为湿度特性。湿度特性是影响检测精度的另一个因素，可通过湿度补偿来解决该问题。

（7）电源电压特性　气敏传感器的灵敏度随电源电压变化的特性称为电源电压特性。为改善这种特性，需采用恒压源。

（8）气体浓度特性　气敏传感器的气体浓度特性表示为被测气体浓度与传感器输出之间的确定关系。

三、电阻型半导体气敏传感器

目前使用最多的是半导体气敏传感器。半导体气敏传感器按照半导体与气体的相互作用是在其表面还是在其内部，可分为表面控制型半导体气敏传感器和体相控制型半导体气敏传感器两大类；按照半导体的物理性质，又可分为电阻型半导体气敏传感器和非电阻型半导体气敏传感器两大类。电阻型半导体气敏传感器通过半导体接触气体时，气体在半导体表面的氧化和还原反应导致敏感元件阻值的改变来检测气体的成分和浓度；非电阻型半导体气敏传感器根据其对气体的吸附和反应，使其某些特性变化，从而对气体进行直接或间接检测。当半导体器件被加热到稳定状态，在气体接触半导体表面而被吸附时，被吸附的分子首先在物体表面自由扩散，失去运动能量，一部分分子被蒸发，另一部分残留分子产生热分解而化学吸附在吸附处。半导体表面态理论认为，若气体分子的亲和能（电势能）大于半导体表面的电子逸出功，则这种气体将在吸附后从半导体表面夺取电子而形成负离子吸附，如氧气、氧化氮。当在 N 型半导体表面形成负离子吸附时，则表面多数载流子（导带电子）浓度减小，电阻增大；当在 P 型半导体表面形成负离子吸附时，表面多数载流子（价带空穴）浓度增大，电阻减小。若气体分子的亲和能（电势能）小于半导体表面的电子逸出功，则气体供给半导体表面电子，形成正离子吸附，如 H_2、CO、C_2H_3OH 及各种碳氢化合物。当 N 型半导体表面形成正离子吸附时，多数载流子（导带电子）浓度增大，电阻减小；当 P 型半导体表面形成正离子吸附时，多数载流子（价带空穴）浓度减小，电阻增大。因此，半导体气敏传感器产生气敏效应。

气体接触 N 型半导体时所产生的器件阻值的变化情况如图 6-1 所示。由于空气中的含氧量大体上是恒定的，器件阻值也相对固定。若吸附气体的浓度发生变化，其阻值也会变化。根据这一特性，可以根据阻值的变化得知吸附气体的种类和浓度。半导体气敏时间（响应时间）一般不超过 1min。N 型材料有 SnO_2、ZnO、TiO 等，P 型材料有 MnO_2、CrO_3 等。

项目分析

本项目主要以电阻型气敏传感器为例，实现某种气体（如家用燃气）的检测与报警，并通过一定的方式（如通风）来减小该气体的浓度，减少安全隐患。

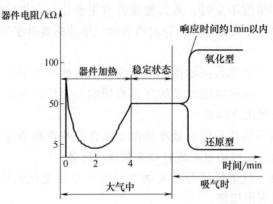

图 6-1 N 型半导体吸附气体时的器件阻值变化

目前，气敏传感器生产厂商较多，型号、性能也各不相同，图 6-2 所示为 MQ 系列气敏传感器的外形，图 6-3 所示为 MQ-6 气敏传感器的结构、引脚排列及接口电路，表 6-1 为 MQ-6 气敏传感器的主要参数。

图 6-2 几种 MQ 系列气敏传感器的外形

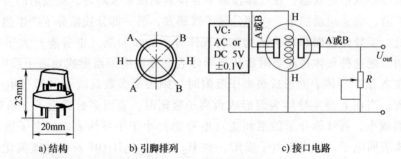

a) 结构   b) 引脚排列   c) 接口电路

图 6-3 MQ-6 气敏传感器的结构、引脚排列及接口电路

表 6-1 MQ-6 气敏传感器的主要参数

名称	参数	名称	参数
适用气体	液化气、异丁烷、丙烷	加热电阻	31Ω±3Ω
探测范围	100～10000ppm	加热电流	≤180mA
特征气体	1000ppm 异丁烷	加热电压	5V±0.2V
灵敏度	≥5%	加热功率	≤900mW
响应时间	≤10s	测量电压	≤24V
敏感体电阻	1～20kΩ（2000ppm 异丁烷）	工作条件	环境温度：-10～50℃ 湿度：≤95%RH
恢复时间	≤30s	储存条件	温度：-20～70℃ 湿度：≤70%RH

MQ-6是一种电阻型气敏传感器，当MQ-6置于浓度不同的某种气体中时，其A、B间的敏感电阻值不同（连接电路时将两个A引脚接到一起，两个B引脚接到一起），根据电阻值的变化即可得到气体的浓度。实际测量中，通常将传感器和电阻串联实现检测，图6-3c所示为MQ-6气敏传感器接口电路，图中R为负载电阻。由图可知，在R一定的情况下，当气体浓度不同时，传感器的敏感元件电阻值改变，输出电压U_{out}也就改变，即

$$U_{out} = \frac{R}{R+R_S}U_C$$

式中 R_S——元件在不同气体、不同浓度下的电阻值；

U_C——输入电压。

一般情况下，气体浓度越高，传感器的敏感体电阻值就越小，图6-4所示为MQ-6气敏传感器的灵敏度特性曲线。

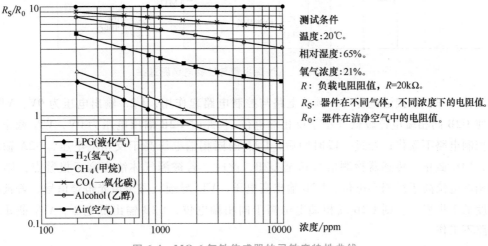

图6-4 MQ-6气敏传感器的灵敏度特性曲线

项目实施

1. 电路原理

利用MQ-6气敏传感器设计、制作的液化气泄漏报警与控制电路如图6-5所示。该报警器主要由电源、传感器检测电路、传感器预热电路和报警与控制电路四部分组成。电源部分由电桥、C_1、U_1、C_2及LED_1、R_1组成，变压器将220V电压降为7.5V的交流电压，经电桥、C_1整流、滤波后得到9V的直流电压，一方面作为LM324和报警与控制电路的供电电源，另一方面经U_1稳压后可作为其他电路的电源。传感器检测电路由MQ-6、RP_1、RP_2、R_2、R_3、R_4及集成运算放大器U2B组成，RP_1用于调节传感器的灵敏度，RP_2用于调节报警电路的起控浓度，调节RP_2可以使U2B反相端电位在2.25~5V范围内变化。传感器预热电路由VD_1、VD_2、集成运算放大器U2A、R_5、R_6、R_7、R_8、C_3和LED_2组成，主要是防止在接通电源的一段时间内传感器电路产生误动作。在接通电源的一段时间内，U2A输出电压为0V，VD_1导通，封锁了传感器的输出信号，防止了在预热阶段传感器电路产生误动作。报警与控制电路由R_9、R_{10}、VT_1、LED_3、VD_3、继电器、蜂鸣器及排气扇组成，当VT_1导通时，蜂鸣器、LED_3发出声光报警信号，且继电器K得电，常开触点闭合，排气扇电动机

通电，起动排气扇，将室内空气排出，以降低气体浓度。检测开关用于电路测试，不管在什么状态下，只要按下检测开关，U2B 将输出较高的电压，使 VT$_1$ 导通，发出报警信号。

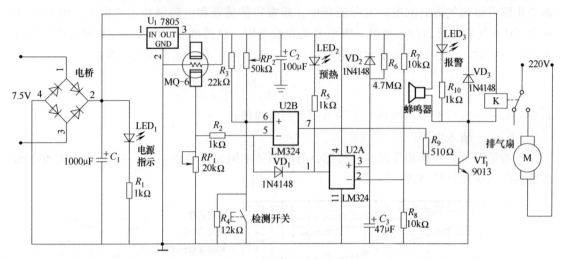

图 6-5　液化气泄漏报警与控制电路原理图

工作过程：在接通电源时，预热电路与控制电路起作用，U2A 输出电压为 0V，VD$_1$ 导通，使 U2B 同相端电位较低（小于反相端电位），此时 U2B 输出电压为 0V，VT$_1$ 截止，报警与控制电路不动作；经过一段时间后，U2A 的同相端电压高于反相端电压，U2A 输出高电压，VD$_1$ 截止，传感器检测信号送至 U2B，此时，若被测气体浓度高于报警点，则 U2B 的同相端电位高于反相端电位，U2B 输出高电压，VT$_1$ 导通，发出声光报警信号；若被测气体浓度低于报警点，则 U2B 反相端电位高于同相端电位，U2B 输出低电压，VT$_1$ 截止，报警电路不工作。

2. 电路制作

按原理图选择合适的元器件，焊接好电路。其中，继电器 K 应选择固态继电器或密封较好的电磁继电器。

3. 电路调试

电路制作完成后，先进行灵敏度的调节，采用标准浓度的被测气体，通过调节 RP_1 使 U2B 同相端的电位高于 2.25V 即可（若是线性电路，则要求最大浓度时其输出电压不高于 5V，如 1000ppm）；再调节控制浓度，即电路发出报警信号时被测气体所达到的浓度，将报警器置入标准浓度的被测气体中，调节 RP_2，使电路刚好发出报警信号即可。

项目二　电阻型湿敏传感器在简易湿度计中的应用

知识点

1) 湿敏测量的基本知识。

2) 常用湿敏传感器。

3) 湿敏传感器的工作原理。

⚙ **技能点**

1）能正确选用湿敏传感器。
2）会制作、调试湿敏传感器接口电路。

⚙ **项目目标**

　　根据湿敏传感器的特性，设计湿度检测电路，并完成电路调试。通过该项目的学习，掌握湿敏传感器的特点，了解其主要参数，学会正确选用湿敏传感器。

⚙ **知识储备**

一、湿度的基本概念

　　空气的干湿程度通常用绝对湿度和相对湿度来表示。绝对湿度指的是空气中水蒸气的密度，即单位空气中所含水蒸气的质量。由于直接测量水蒸气的密度比较复杂，而在一般情况下水蒸气的密度与空气中水蒸气的压强数值十分接近，因此通常空气的绝对湿度用压强来表示，符号为 D，单位为 mmHg。如果把待测空气视为由水蒸气和干燥气体组成的理想混合气体，根据道尔顿分压定律和理想气体状态方程，可得出以下关系，即

$$P_V = \frac{eM}{RT}$$

式中　P_V——理想混合气体的总压力；

　　　e——在一定温度下空气中水蒸气的分压，即水蒸气压；

　　　M——水蒸气的摩尔质量；

　　　R——理想气体常数；

　　　T——空气的热力学温度。

　　在日常生活中，人们对空气的干湿程度的感觉与绝对湿度没有太大的关系，而是与相对湿度密切相关，如水蒸气压远离当时的饱和水蒸气压时，人们就会感觉空气非常干燥，接近当时的饱和水蒸气压时，人们会感觉非常潮湿。饱和水蒸气压是指在一定温度下空气中水蒸气压的最大值（e_s）。温度越高，饱和水蒸气压就越大。在某一温度下水蒸气压 e 与饱和水蒸气压 e_s 的百分比称为相对湿度（Relative Humidity），表示为

$$RH = \frac{e}{e_s} \times 100\%$$

　　由于绝对湿度有单位，而相对湿度描述较方便，因此常使用相对湿度来描述空气的干湿程度，一般用%RH 表示。当空气中水蒸气压等于当时气温下的饱和水蒸气压时，空气的相对湿度等于 100%RH。

　　由于饱和水蒸气压是随着温度的降低而降低的，因此降低温度可以使未饱和水蒸气变成饱和水蒸气。露点就是指使原来未饱和的水蒸气变成饱和水蒸气所必须降低到的温度。当空气中的未饱和水蒸气接触到温度较低的物体时，空气中的未饱和水蒸气达到或接近饱和状态，凝结成水滴，这时相对湿度为 100%RH，这种现象称为结露。

二、湿敏传感器的主要参数及特性

（1）感湿特性　感湿特性是指湿敏传感器特征量（如电阻值、电容值等）随湿度变化的特性。

（2）湿度量程　湿度量程是指湿敏传感器的感湿范围。

（3）灵敏度　灵敏度是指湿敏传感器的感湿特征量（如电阻值、电容值等）随环境湿度变化的程度，即湿敏传感器感湿特性曲线的斜率。

（4）湿滞特性　同一湿敏传感器吸湿过程（相对湿度增大）和脱湿过程（相对湿度减小）中感湿特性曲线不重合的现象称为湿滞特性。

（5）响应时间　响应时间是指在一定的环境温度下，当被测相对湿度发生跃变时，湿敏传感器的感湿特征量达到稳定变化量的规定比例所需的时间，一般以相应的起始湿度到终止湿度这一变化区间的90%的相对湿度变化所需的时间来进行计算。

（6）感湿温度系数　当被测环境湿度恒定不变时，温度每变化1℃，所引起的湿敏传感器感湿特征量的变化量称为感湿温度系数。

（7）老化特性　老化特性是指湿敏传感器在一定温度、湿度环境下存放一定时间后，其感湿特性将会发生改变的特性。

三、湿敏传感器应具备的性能

1）使用寿命长，长期稳定性好。

2）灵敏度高，感湿特性曲线的线性度好。

3）使用范围宽，湿度温度系数小。

4）响应时间短。

5）湿滞回差小。

6）能在有害气体的恶劣环境中使用。

7）器件的一致性和互换性好，易于批量生产，成本低廉。

8）器件感湿特征量应在易测范围内。

四、湿敏传感器的分类

水是一种极强的电解质。水分子有较大的电偶极矩，在氢原子附近有极大的正电场，因而它有很大的电子亲和力，使得水分子易吸附在固体表面并渗透到固体内部。利用水分子这一特性制成的湿敏传感器称为水分子亲和力型传感器。水分子亲和力型传感器按材料不同可分为碳膜湿敏传感器、硒膜湿敏传感器、电解质湿敏传感器、高分子材料湿敏传感器、金属氧化物膜湿敏传感器、金属氧化物陶瓷湿敏传感器和水晶振子湿敏传感器。而把与水分子亲和力无关的湿敏传感器称为非水分子亲和力型传感器。这类传感器主要有热敏电阻式湿敏传感器、红外湿敏传感器、微波湿敏传感器及超声波湿敏传感器。在现代工业中使用的湿敏传感器大多是水分子亲和力型传感器，它们将湿度的变化转换为电阻值或电容值的变化后输出。

五、湿敏传感器的工作原理

根据传感器的特性，常用湿敏传感器分为电阻式湿敏传感器和电容式湿敏传感器。

1. 电阻式湿敏传感器

电阻式湿敏传感器根据使用材料不同分为高分子型电阻式湿敏传感器和陶瓷型电阻式湿敏传感器。图 6-6 所示为 MCT 系列陶瓷型电阻式湿敏传感器的结构，在其两面设置有氧化钌（RuO_2）电极与铂-铱引线，并安装有用于加热清洗的辐射状加热装置。根据检测情况，加热装置对湿敏元件进行加热清洗。对于湿敏陶瓷，需要在 500℃ 以上进行几秒钟的加热，从而清除陶瓷的污染，使其恢复原来的性能。

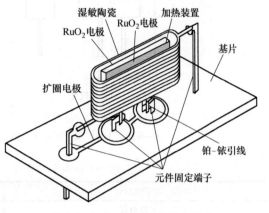

图 6-6　MCT 系列陶瓷型电阻式
湿敏传感器的结构

MCT 系列陶瓷材料在 200℃ 以下时，电阻值受温度影响比较小；温度在 200℃ 以上时呈现普通的热敏电阻特性，这样加热清洗时的温度可利用湿敏陶瓷在高温时具有的热敏电阻特性来自动控制。由于传感器的基片与湿敏陶瓷容易受到污染，当电解质附着在基片上时，传感器端子间将产生电气泄漏，相当于并联一只泄漏电阻，因此需要在基片上增设扩圈电极，如图 6-6 所示。

2. 电容式湿敏传感器

电容式湿敏传感器利用两个电极间电介质的电容值随温度变化而变化的特性制成，其结构如图 6-7 所示。电容式湿敏传感器的上、下电极中间夹着湿敏元件，并附着在玻璃或陶瓷基片上。当湿敏元件感知到周围的湿度变化时，它的介电常数发生变化，相应的电容量也发生变化，通过检测电容量的变化就能检测周围的湿度。对电容变化的检测，可采用湿敏传感器与电感构成的 LC 谐振电路，通过测量 LC 谐振

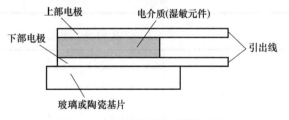

图 6-7　电容式湿敏传感器的结构

电路振荡频率或振荡周期的变化来完成。电容式湿敏传感器的湿度检测范围宽、响应速度快、体积小、线性度好、较稳定，因此很多湿度计都使用这种传感器。

项目分析

在本项目的学习中，通过一个具体的应用，掌握湿度检测电路的设计与调试方法，为工程应用打下基础。本项目应用 CHR-01 电阻式湿敏传感器进行设计，其外形尺寸及内部结构如图 6-8 所示，表 6-2 和表 6-3 给出了 CHR-01 电阻式湿敏传感器的主要参数及湿度阻抗特性数据，供应用时参考。由表 6-3 中数据可知，当湿度增加时，湿敏电阻的阻值减小；在相同湿度下，温度越高，其阻值越小。

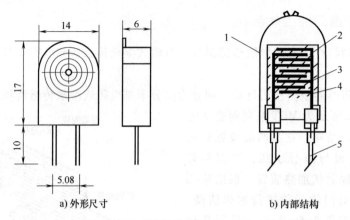

a) 外形尺寸   b) 内部结构

图 6-8   CHR-01 电阻式湿敏传感器的外形尺寸及内部结构

1—外壳（ABS） 2—基片（Al_2O_3） 3—电极 4—感湿材料 5—引脚

表 6-2   CHR-01 电阻式湿敏传感器的主要参数

主要参数	说明
工作电压	AC 1V（50Hz～2kHz）
检测范围	20%～90%RH
检测精度	±5%
工作温度范围	0～85℃
最高使用温度	120℃
特征阻抗范围	30kΩ（60%RH，25℃），范围为（21～40.5）kΩ
响应时间	≤12s（20%～90%RH）
湿度漂移/（年）	≤±2%RH
湿滞	≤1.5%RH

表 6-3   CHR-01 电阻式湿敏传感器 0～60℃湿度阻抗特性数据

相对湿度	温度				
	15℃	25℃	35℃	40℃	55℃
30%RH	518.8	352.8	256.7	241.3	137
35%RH	347.6	261.8	143	137	80.33
40%RH	277.2	166.6	93.6	81.53	50
45%RH	172.8	92.8	60.3	52.7	33.38
50%RH	96.3	60.6	41.43	34.3	22.05
55%RH	70.8	40.4	29.12	24.25	15.88
60%RH	56.2	29.5	20.8	17.71	12.17
65%RH	43.3	21.1	15.61	13.12	9.02
70%RH	31.3	15.44	11.51	10.09	6.58
75%RH	22.6	11.84	8.74	7.35	4.64
80%RH	15.8	9.13	6.52	5.46	3.38
85%RH	10.48	6.55	4.52	3.89	2.48
90%RH	7	4.6	3.15	2.65	1.807

注：表中数据均由 LCR 数字电桥在 AC 1V/1kHz 测试所得，单位为 1Ω。

1. 电路原理

图 6-9 为简易湿度显示仪的电路原理图，主要由 5 部分组成：振荡电路、对数压缩电路、整流电路、放大电路和显示器。

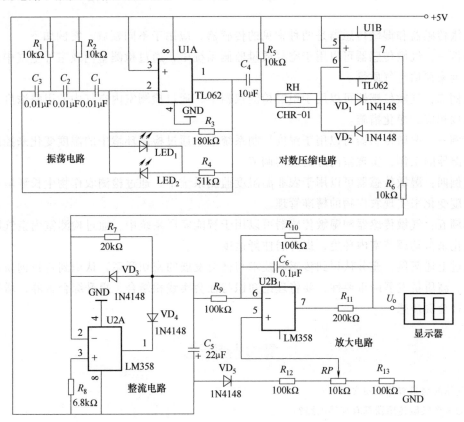

图 6-9　简易湿度显示仪的电路原理图

U1A 及外围元件 R_1、R_2、C_1、C_2、C_3 组成低频振荡器，振荡器输出的是频率为 900Hz、1.3V 的正弦波信号，作为湿敏元件的工作电压源，在它的反馈回路中串联有两个 LED 发光二极管 LED_1、LED_2，以提高振荡幅值的稳定性。U1B 与 VD_1 和 VD_2 组成对数压缩电路，它是利用硅二极管 VD_1、VD_2 正向电压与电流成对数关系的特性来实现对数压缩的，从而实现线性化处理，用来补偿湿敏元件的非线性。由于硅二极管 VD_1、VD_2 具有 $-2mV/℃$ 的温度特性，所以可以对湿敏元件起到一定的温度补偿作用。U2A 与 R_7、R_8、VD_3 和 VD_4 组成整流电路，将交流信号变换成与湿度成正比的电压信号。U2B 与 R_{10}、R_{11}、R_{12}、R_{13}、C_6、VD_5 及 RP 组成放大电路，并兼有温度补偿作用。调节 RP 可改变同相端的电位，实现输出电压的调节；VD_5 又可起到温度补偿作用，获得理想的补偿效果。

由于湿敏传感器在低湿度时的电阻值非常大，为了实现阻抗匹配，图 6-9 中 U1A 和 U1B 应选用高输入阻抗的集成运算放大器，图中采用 TL062。

2. 电路制作与调试

按原理图选择合适的元器件，焊接好电路，接通 5V 的电源，电路即可工作。

为了得到比较好的测量效果，一般要进行电路调试。本项目的电路调试主要是 *RP* 的调整，调试前应准备好标准的湿度计作为参照，调节时应将标准湿度计和自制的电路放入同一环境中。

素 养 提 升

气敏传感器和湿敏传感器是两种常见的传感器，应用于不同领域，案例如下。

案例一：气敏传感器可以用于空气质量监测系统中，通过检测室内或室外空气中的有害气体浓度来评估空气质量。

案例二：气敏传感器可以用于甲醛检测仪器中，通过检测室内空气中的甲醛浓度，提醒用户采取相应的净化措施。

案例三：湿敏传感器可以用于湿度控制系统中，通过检测环境中的湿度变化来控制加湿器或除湿器的工作，实现室内舒适度的调节。

案例四：湿敏传感器可以用于农业温湿度监测系统中，通过检测农作物生长环境中的温度和湿度变化来实现农作物的精准管理。

案例五：气敏传感器和湿敏传感器可以用于智能家居系统中，通过检测室内空气质量和湿度变化来自动调节室内环境，提升居住舒适度。

通过上述案例，充分认识到传感器技术与社会发展的密切联系，认识到科技创新对可持续发展、高质量发展的重要性，要将理论知识与社会实践相结合，提升综合素养，增强创新意识和社会责任感。

复 习 与 训 练

1. 气体的测量有什么现实意义？
2. 为什么气敏传感器都有加热电路？
3. 根据图 6-4，在相同的温度、湿度下，分析被测气体浓度与电阻值之间的关系。
4. 湿敏传感器可以分为哪些类型？
5. 在应用湿敏传感器时，应注意什么问题？

模块七

流量传感器及其应用

　　流量传感器是一种用于测量流体（液体或气体）流量的传感器，可以在多个领域中使用，如工业生产、汽车、航空航天、环境监测等。它的主要作用是测量流体的流速和流量，以便控制流体的运动、检测泄漏、计量、监测流体特性等。

　　本模块主要学习流量传感器的选型、安装和应用中需要注意的事项。通过完成相关项目，可以学习各种类型流量计的特点、应用场合和接口电路，理解流量传感器的工作原理和测量方法，掌握流量传感器的选用原则，为工程应用打下基础。

知识点

1）流体、流量的相关概念。
2）流量测量中常用的物理性质参数。
3）电磁流量计的组成、工作原理、优缺点等。
4）热式质量流量计的组成、工作原理、优缺点等。
5）超声流量计的组成、工作原理、优缺点等。

技能点

1）掌握各类流量传感器的工作原理、特点等。
2）能够根据不同的应用场景来选择合适的流量传感器。
3）能够正确安装各类流量传感器。

模块学习目标

1）掌握各类流量传感器的工作原理。
2）掌握不同类型的流量传感器的特点和应用场合。
3）熟悉各类流量传感器的安装、调试和维护方法。
4）理解流量传感器的性能参数和技术指标的含义及影响。
5）了解流量传感器市场发展趋势和前景，并能够对其进行分析和评估。
6）能够将理论知识应用于实际问题中，解决流量传感器相关的工程问题。

一、流体和流量

　　流体是指具有流动性质的物质，包括液体和气体。流量是指单位时间内通过一定截面的流体体积或质量，又称为瞬时流量。而在某一段时间间隔内流过某一横截面积的流体数量，称为总量或累积流量。根据流体的性质和测量的需求，流量分为体积流量和质量流量。用流体的体积来表示流量则称为体积流量，用流体的质量来表示流量则称为质量流量。

1. 体积流量

体积流量是指单位时间内通过一定截面的流体体积，即

$$q_v = \int_A v \mathrm{d}A$$

式中　v——微横截面积 $\mathrm{d}A$ 上的流速（m/s）；

　　A——横截面积（m^2）；

　　q_v——体积流量（m^3/s）。

如果流体在横截面积 A 上的流速处处相等且为 v，则体积流量 q_v 为

$$q_v = vA$$

2. 质量流量

质量流量是指单位时间内通过一定截面的流体质量，即

$$q_m = \int_A \rho v \mathrm{d}A$$

式中　v——微横截面积 $\mathrm{d}A$ 上的流速（m/s）；

　　A——横截面积（m^2）；

　　ρ——流体密度（$\mathrm{kg/m}^3$）；

　　q_m——质量流量（kg/s）。

如果流体在横截面积 A 上的流速处处相等且为 v，则质量流量 q_m 为

$$q_m = \rho q_v = \rho v A$$

流体密度通常受流体工作状态（如温度、压力等）的影响。液体的压力变化对密度的影响非常小，可以忽略不计。但流体的温度变化对密度的影响略大一些，一般每变化 10℃，液体密度变化约在 1% 以内。因此，在温度变化不大且测量精度要求不高的情况下，可以将液体密度视为常数。相比之下，气体密度受温度和压力变化的影响则较大。在测量气体流量时，必须同时测量它的温度和压力。由于气体的流量随着密度变化而变化，为便于比较，常将工作状态下测得的体积流量换算成标准状态下的体积流量（标准状态：温度为 20℃，压力为 101325Pa），用符号 q_{vN} 表示，单位为 m^3/s。

二、流量测量中常用的物理性质参数

在测量和计算流量时，流体的物理性质（流体物性）是必不可少的因素，它们对流量测量的准确度和流量计的选用具有非常重要的影响。

1. 流体的密度

流体的密度由下式定义，即

$$\rho = \frac{m}{V}$$

式中　ρ——流体密度（$\mathrm{kg/m}^3$）；

　　m——流体的质量（kg）；

　　V——流体的体积（m^3）。

（1）液体的密度　压力不变时，液体密度的计算式为

$$\rho = \rho_{20} \left[1 - \mu(t - 20) \right]$$

式中　ρ——温度为 t 时液体的密度（kg/m^3）；

ρ_{20}——20℃时液体的密度（kg/m^3）；

μ——液体的体积膨胀系数（1/℃）；

t——液体的温度（℃）。

在一般情况下，压力变化对液体密度的影响非常小，可以忽略不计。但是，对于碳氢化合物等高分子液体或高黏度液体，由于分子间作用力较大，导致液体密度对压力的敏感性增强，因此在较低压力下也应进行压力修正。另外，对于一些特殊情况，例如，在航空航天和核能等领域，液体密度的测量需要极高的精度和准确性，此时对压力变化的影响也需要进行修正。对于液体密度的压力修正，可以参考国家标准，或采用美国石油学会（API）和美国国家标准局（NBS）等组织制定的标准方法，根据流量计和液体的物理性质来进行修正。

（2）气体的密度　工作状态下干气体的密度计算式为

$$\rho = \frac{\rho_n p T_n Z_n}{p_n T Z}$$

式中　ρ——工作状态下干气体的密度（kg/m^3）；

ρ_n——标准状态（293.15K，101.325 kPa）下干气体的密度（kg/m^3）；

p——工作状态下气体的绝对压力（kPa）；

p_n——标准状态下的绝对压力（kPa）；

T——工作状态下气体的绝对温度（K）；

T_n——标准状态下的热力学温度，$T_n = 293.15K$；

Z_n——标准状态下气体的压缩系数；

Z——工作状态下气体的压缩系数。

2. 流体的黏度

黏度是流体本身阻碍其质点相对滑动的特性。通常用黏度来度量流体的黏性。同一种流体的黏度会随着流体的温度和压力的变化而改变。液体的黏度一般会随着温度的升高而下降；而气体的黏度则相反，会随着温度的升高而上升。只有在非常高的压力下，才需要对液体的黏度进行压力修正，而气体的黏度与压力和温度的关系密切相关。流体的黏度通常用两个参数来描述。

（1）动力黏度　动力黏度的计算公式为

$$\eta = \frac{\tau}{\dfrac{du}{dh}}$$

式中　η——流体的动力黏度（Pa·s）；

τ——单位面积上的内摩擦力（Pa）；

$\dfrac{du}{dh}$——速度梯度（1/s）；

u——流体流速（m/s）；

h——两流体层间距离（m）。

（2）运动黏度　流体的动力黏度与其密度的比值称为运动黏度，其计算公式为

$$v = \frac{\eta}{\rho}$$

式中　v——运动黏度。

（3）热膨胀率　热膨胀率是指流体温度变化1℃时其体积的相对变化率，即

$$\beta = \frac{i\Delta V}{V\Delta T}$$

式中　β——流体的热膨胀率（1/℃）；

　　　V——流体原有体积（m³）；

　　ΔV——流体因温度变化膨胀的体积（m³）；

　　ΔT——流体温度的变化值（℃）。

（4）压缩系数　压缩系数是指当流体温度不变，所受压力变化时，其体积的变化率，即

$$K = \frac{-\Delta V}{V\Delta p}$$

式中　K——流体的压缩系数（1/Pa）；

　　　V——压力为 p 时的流体体积（m³）；

　　ΔV——压力增加 Δp 时流体体积的变化量（m³）。

（5）雷诺数　雷诺数是一个表征流体惯性力与黏性力之比的无量纲量，其定义式为

$$Re = \frac{vl}{v}$$

式中　v——流体的平均速度（m/s）；

　　　l——流速的特征长度（m），如在圆管中取管内径值；

　　　v——流体的运动黏度（m²/s）。

如果雷诺数较小，黏性力就会占主导地位，黏性对整个流场的影响会非常重要。但如果雷诺数很大，惯性力就会成为主导，此时黏性对流动的影响只有在附面层内或速度梯度较大的区域才是重要的。

项目一　电磁流量计的应用

一、原理与组成

电磁流量计（EMF）是一种测量液体流量的仪器，它利用电磁感应定律测量液体流过导管时的电磁感应信号，从而计算出流量。

电磁流量计的主要组成部分包括电极、励磁绕组和信号转换器，如图7-1所示。在导管内部装有励磁绕组，通过励磁绕组在导管内部形成磁场。当液体流过导管时，其带电粒子（即离子）会受到磁场的作用而产生电势差，电势差的大小与液体的流速成正比，电极会测量到其电势差，并将信号传递到信号转换器中，最终转化为液体的流量值，如图7-2所示。

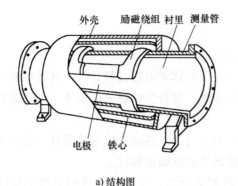

外壳 励磁绕组 衬里 测量管

电极 铁心

a) 结构图

b) 实物图

图 7-1 电磁流量计

二、优缺点

1. 优点

1）压损小、可测流量范围大。电磁流量计的测量通道是一段无阻流检测件的光滑直管，测量过程中不会影响流体的流动，也不会产生流阻。其最大流量与最小流量的比值一般为 20∶1 以上，适用的工业管径范围宽，最大可达 3m，输出信号与被测流量成线性，精确度较高。

2）适用范围广。电磁流量计适用于测量各种导电液体，如水、酸、碱等，也可用于测量含有固体颗粒或纤维的液固二相流体，如纸浆、煤水浆、矿浆、泥浆和污水等。

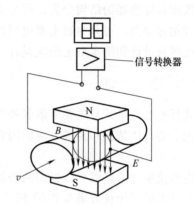

信号转换器

图 7-2 电磁流量计的工作原理

3）可以测量双向流量。电磁流量计可以测量正向和反向的流量。

4）具有一定的自清洁功能。由于电磁流量计的测量管道内表面光滑，液体通过时不会留下附着物，因此具有一定的自清洁功能。

2. 缺点

1）对液体的导电性要求高。由于电磁流量计是通过感应电磁场来测量液体流量的，因此对液体的导电性要求较高。常见的被测液体在 20℃时的电导率见表 7-1。

表 7-1 常见的被测液体在 20℃时的电导率

液体名称	电导率	液体名称	电导率
石油	$(3\sim5)\times10^{-13}$	液氨	1.3×10^{-7}
丙酮	$(2\sim6)\times10^{-8}$	甲醇	$(4.4\sim7.2)\times10^{-7}$
纯水	4×10^{-8}	饮用水	1×10^{-4}
苯	7.6×10^{-8}	海水	4×10^{-2}
食盐水（4.5%）	2×10^{-1}	氢氧化钠（4%～50%）	$8\times10^{-2}\sim1.6\times10^{-1}$
氨水（4%～30%）	$2\times10^{-4}\sim1\times10^{-3}$	硫酸（5%～99.4%）	$8.5\times10^{-3}\sim2.1\times10^{-1}$

2）温度范围有限。由于衬里材料和电气绝缘材料的限制，电磁流量计一般不适用于高温或低温环境下的流量测量。

三、分类

电磁流量计可以根据不同的分类方式进行分类。

按传感器和转换器的组装方式分类，可分为分体式电磁流量计和一体式电磁流量计。

按流量传感器电极是否与被测液体接触分类，可分为接触式电磁流量计和非接触式电磁流量计。

按流量传感器与管道的连接方式分类，可分为法兰连接式电磁流量计、法兰夹装连接式电磁流量计、卡箍连接式电磁流量计和螺纹连接式电磁流量计。

按输出信号连接和励磁（或电源）连线制式分类，可分为四线制电磁流量计和二线制电磁流量计。

按流量传感器的结构分类，可分为管道式电磁流量计和插入式电磁流量计。

按用途分类，可分为通用型电磁流量计、防爆型电磁流量计、卫生型电磁流量计、防浸水型电磁流量计和潜水型电磁流量计等。

四、选用原则

选择电磁流量计首先要了解各种流量计的结构原理和流体特性等，同时还要考虑环境条件等现场的具体情况和经济方面的因素。一般情况下，主要从以下五个方面进行选择。

1. 量程和精度的选择

电磁流量计的量程可以根据两条原则来选择：一是仪表满量程大于预计的最大流量值，二是测量流量大于仪表满量程的 50%，以保证一定的测量精度。另外，在选择电磁流量计时，还需要考虑其测量精度。通常情况下，电磁流量计的测量精度应达到 $\pm 0.5\%$。

2. 口径的选择

传感器的口径通常选用与管道系统相同的口径，如果管道系统有待设计，则可根据流量范围和流速来选择口径。对于电磁流量计来说，流速以 $2\sim4m/s$ 较为适宜。

在特殊情况下，如液体中带有固体颗粒，考虑到磨损的情况，可选常用流速 $<3m/s$，对于易附于管壁的流体，可选用流速 $\geqslant 2m/s$。流速确定以后，就可以确定传感器口径。

智能电磁流量计选用中小口径。智能电磁流量计可测量造纸工业用纸浆和黑液、有色冶金业的矿浆。小口径、微小口径常用于医药工业、食品工业、生物工程等有卫生要求的场所。

3. 温度和压力的选择

电磁流量计能测量的流体压力与温度是有一定限制的。选用时，被测压力必须低于该流量计规定的工作压力。电磁流量计的工作温度取决于所用的衬里材料，一般为 $-20\sim60$℃。如果做过特殊处理，可以超过上述范围，$-20\sim160$℃。

4. 衬里材料与电极材料的选择

电磁流量计中与流体接触的零部件有衬里（或绝缘材料制成的测量管）、电极、接地环和密封垫片，其材料的耐蚀性、耐磨性和使用温度上限等都会影响电磁流量计对流体的适应性。因此，必须根据生产过程中的具体测量介质，慎重地选择电极与衬里的材料。

5. 环境条件的选择

选择时还需要考虑电磁流量计工作的环境条件。如果工作环境恶劣，应选择具有耐腐蚀、防爆等特性的电磁流量计。

五、安装注意事项

1. 安装时应注意的事项

安装场所是影响电磁流量计性能和寿命的重要因素。普通电磁流量计的外壳防护等级为 IP54（GB/T 4208—2017 规定的防尘防溅水级），因此安装场所应满足以下要求。

1）测量混合相流体时，应选择不会引起相分离的场所，以确保电磁流量计的准确度和稳定性。

2）选择测量管内不会出现负压的场所，以避免电磁流量计出现空管现象。

3）避免安装在电动机、变压器等强电设备附近，以免因电磁场干扰影响电磁流量计的测量精度。

4）避免安装在周围有强腐蚀性气体的场所，以免电磁流量计被气体侵蚀。

5）环境温度一般应为-25~60℃，尽可能避免阳光直射，以免电磁流量计的测量精度受到温度影响。

6）选择无振动或振动小的场所。如果振动过大，应为传感器前后的管道加固定支撑。

7）环境相对湿度一般应为 10%~90%RH。

8）避免安装在能被雨水直淋或被水浸没的场所，如果传感器的外壳防护等级为 IP57（防尘防浸水级）或 IP58（防尘防潜水级），则可以不做要求。

2. 直管段长度

电磁流量计对表前直管段长度的要求相对较低。然而，对于扰流件，如弯管、T 形管、异径管以及全开阀门等，则要求传感器电极轴中心线（不是传感器进口端面）应有（3~5）D（D 为管的直径）的直管段长度；对于不同开度的阀门，则要求有 10D 的直管段长度；传感器出口端则一般要求有 2D 的直管段长度。如果阀门无法全开，则可将阀门截流方向与传感器电极轴成 45°角安装，以大大减小附加误差。常用的直管段长度要求见表 7-2。

表 7-2　常用的直管段长度要求

直管段名称	扰流件	标准或规格号			
		ISO 6817—1992	ISO 9104—1991	JIS B7554—1997	CKY 12007
长管道入口段	弯管、T 形管、全开阀门、渐扩管	10D 或制造厂商规定	10D	5D	5D
	减缩管			可视作直管	
长管道出口段	其他各种阀	未提要求	5D	10D	2D
	其他类型传感器			未提要求	

3. 安装位置和流动方向

电磁流量计可采用水平、垂直或倾斜的方式安装。在水平安装时，电磁流量计的电极轴必须水平放置，以防止流体所夹带的气泡导致电极短时间绝缘和电极被流体中的沉积物覆盖。另外，应避免将电磁流量计安装在高处，以免气体积聚。

在垂直安装时，应该保证流动方向朝上，这样可以使流体中所夹带的较重的固体颗粒下沉，较轻的脂肪类物质上升，离开电极区。当测量泥浆、矿浆等液固二相流时，垂直安装可以避免固相颗粒沉淀和衬里不均匀磨损，但应避免在向下管道的出口处安装电磁流量计，以免在无流量时，滴漏导致测量错误。

电磁流量计安装处应具有一定的背压，避免电磁流量计出口直接排空而导致测量管内液体不满管。应避免将电磁流量计安装在泵的前面，因为这样安装会产生负压，而将电磁流量计安装在泵的后面可以避免这个问题。

电磁流量计的安装位置如图 7-3 所示。

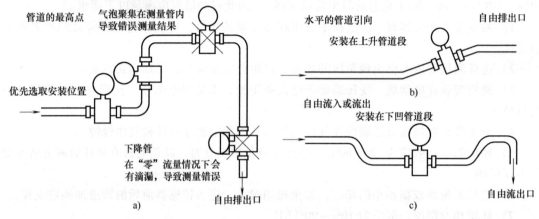

图 7-3　电磁流量计的安装位置

为了方便在液流静止时进行零点检查和调整，中小管径的电磁流量计应尽可能安装在旁路管。在测量含有沉淀物的流体时，还需要考虑安装方式是否方便清洗电磁流量计。

4. 接地

为了使电磁流量计的测量结果更准确且避免电极的电流腐蚀，必须将电磁流量计单独接地，并确保电磁流量计和流体处于大致相同的电位。对于分体式电磁流量计，应该在传感器侧接地，而转换器的接地应与传感器相同。在大多数情况下，电磁流量计的内装参比电极或金属管已经保证了电位的平衡，因此可以将电磁流量计的接地板连接到接地线上。

5. 安装转换器和连接电缆

分体式电磁流量计的转换器应该安装在传感器附近，以便于读数和维修；也可以安装在仪表室，因为其环境条件更好。

转换器和传感器之间的距离受被测介质电导率和信号电缆型号的限制，其中信号电缆的分布电容、导线截面的屏蔽层数等因素也会影响此距离。在选择信号电缆时，应选择制造厂商随仪表附带或规定型号的电缆。对于电导率较低且传输距离较长的液体，应该使用规定为三层屏蔽的电缆。一般，电磁流量计的使用说明书会给出不同电导率液体相应的传输距离范围。当测量工业用水或酸碱液体时，通常可以使用单层屏蔽电缆，其传输距离可达 100m。

为了避免信号受到干扰，信号电缆必须单独穿过接地良好的钢质保护管。同时，信号电缆不能与电源线穿在同一根钢管内。

项目二　热式质量流量计的应用

热式质量流量计（TMF）又称量热式流量计，是一种用于测量气体流量的仪表，其工作原理基于热扩散原理。当气体流经经过热源加热的管道时，管道内的温度场会发生变化。

利用流体通过外部热源加热管道时产生的温度场变化来测量流体流量，或者利用加热流体时流体温度上升所需的能量与流体质量之间的关系来测量流体流量。热式质量流量计在工业领域应用广泛。

一、工作原理和结构

根据工作原理的不同，热式质量流量计主要分为两类：一类是热分布式质量流量计，它利用了流体传递热量改变测量管壁温度分布的热传导分布效应；另一类是热扩散式质量流量计，它利用了热消散（冷却）效应的金氏定律，因为此类流量计需要将敏感元件伸入测量管内，故也称为浸入型热式质量流量计或侵入型热式质量流量计。

1. 热分布式质量流量计

热分布式质量流量计的工作原理如图 7-4a 所示：薄壁测量管外壁绕着两组兼作加热器和敏感元件的线圈，组成惠斯通电桥，由恒流电源供给恒定热量，并通过线圈绝缘层、管壁、流体边界层将热量传导给管内流体。边界层内热的传递可以看作是通过热传导实现的。在流量为零时，测量管上的温度分布如图 7-4b 中虚线所示，相对于测量管中心的上游（即管道入口段）与下游（即管道出口段）是对称的，由线圈和电阻组成的电桥处于平衡状态；当流体流动时，流体将上游的部分热量带给下游，导致温度分布变化如图 7-4b 中实线所示，由电桥测出两组线圈电阻值的变化，求得两组线圈的平均温度差 ΔT，便可导出质量流量 q_m，即

$$q_m = K \frac{A}{c_F} \Delta T$$

式中　c_F——被测气体的定压比热容；

　　　A——测量管线圈（即加热系统）与周围环境热交换系统之间的热导率；

　　　K——仪表常数。

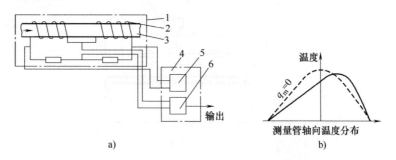

图 7-4　热分布式质量流量计的工作原理

1—流量传感器　2—线圈　3—测量管　4—转换器　5—恒流电源　6—放大器

在总的热导率 A 中，因测量管壁很薄且具有相对较高的热导率，质量流量计制成后其值不变，因此 A 的变化主要是由流体边界层热导率的变化造成的。对于某一特定范围的流体，A、c_F 均视为常量，则质量流量仅与线圈的平均温度差近似成正比，如图 7-5 中 Oa 段所示。Oa 段为热分布式质量流量计的正常测量范围，在此范围内，质量流

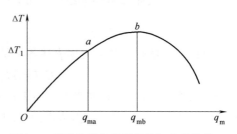

图 7-5　质量流量与线圈平均温度差的关系

量计出口处的流体不带走热量，或者说带走的热量很少。当流量增大到超过 q_{ma} 时，热量开始被带走，热分布式质量流量计呈现出非线性的特性；当流量增大到超过 q_{mb} 时，大量热量被带走。

测量管加热方式的大部分产品采用两线圈或三线圈丝绕电阻；除管外电阻丝加热方式外，还有利用管材本身电阻加热方式，见表 7-3。

表 7-3　测量管加热方式

产品形式	感应加热热电偶	两线圈电阻丝	三线圈电阻丝
结构图示			
敏感元件	热电偶	热电阻丝	热电阻丝
加热方式	测量管焦耳热	自己加热	中间线圈加热

在热分布式质量流量计中，流体边界层热导率的变化会对热导率 A 产生影响，为了获得良好的线性输出，必须保持层流流动，测量管内径 D 计得很小而长度 L 很长，即 L/D 比值很大，流速低，流量小。为扩大仪表流量，还可在管道内安装管束等层流阻流件；为获得更大的流量和口径，还常采用分流方式，在主管道内安装层流阻流件，如图 7-6 所示，以恒定比值分流部分流体到流量敏感元件。有些型号的质量流量计用文丘里喷嘴等代替层流阻流件，能较好地提高整体工作效率，防止沉淀的作用良好，同时也能使溶液均匀混合。

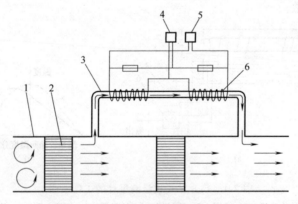

图 7-6　毛细管式热式质量流量计原理图

1—主流道　2—层流阻流件　3—分流道（毛细测量管）　4—电源　5—放大器　6—加热线圈

2. 热扩散式质量流量计

金氏定律的热丝热散失率表述各参量间的关系，公式为

$$H/L = \Delta T\left[\lambda + 2(\pi\lambda c_v \rho v d)^{1/2}\right]$$

式中　H/L——单位长度热散失率（J/m·h）；

　　　　ΔT——热丝高于自由流束的平均升高温度（K）；

　　　　λ——流体的热导率（J/h·m·K）；

c_v——定容比热容（J/kg·K）；

ρ——密度（kg/m³）；

v——流体的流速（m/h）；

d——热丝直径（m）。

热扩散式质量流量计采用了温度差测量法，它的工作原理及外形如图7-7所示。在这种方法中，使用的两个温度传感器通常是热电阻，它们分别置于气流中的两个金属细管内。其中一个热电阻用于测量气流温度 T，另一个细管经过恒定功率的电加热，其温度 T_v 高于气流温度 T。当气体静止时，T_v 最高，随着流体流速 v 的增加，气流带走更多的热量，温度下降，可以测得温度差 $\Delta T = T_v - T$。通过测量 ΔT 可计算出质量流量 q_m。这种方法被广泛应用于气体流量的测量。其加热功率 P 与温度差 ΔT 的关系为

$$P = \left[B + C(\rho v)^K \right] \Delta T$$

$$P/\Delta T = D + E q_m^K$$

式中　B、C、K——与给定条件有关的常数；

$\quad\quad\quad E$——与所测气体物性如热导率、比热容、黏度等有关的系数，如果气体成分和物性恒定则视为常数；

$\quad\quad\quad D$——与实际流动有关的常数。

若保持 ΔT 恒定，控制加热功率随着流量增加而增加，这种方法称为功率消耗测量法。

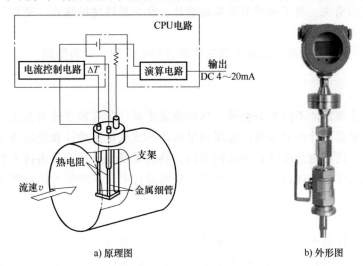

a）原理图　　　　　　　　b）外形图

图7-7　热扩散式质量流量计的工作原理与外形

二、优缺点

1. 优点

1）气体用热分布式质量流量计可测量低流速（气体 0.02~2m/s）微小流量；气体用热扩散式质量流量计可测量低、中、偏高流速（气体 2~60m/s）的流量，可应用于较大管径，除测量洁净气体外还可测量存在一些尘粒的粗放气体，如烟道气等；微小液体流量计应用于化学、石油化工、医药食品等流程工业实验性装置（液体 0~2kg/h）。

2）热式质量流量计没有活动部件，因此热分布式质量流量计无阻流件，压力损失很小；

带分流管的热分布式质量流量计和热扩散式质量流量计虽然在测量管道中置有阻流件，但压力损失也不大。

3）相对于推导式质量流量计，热式质量流量计的使用性能相对可靠。与推导式质量流量计相比，热式质量流量计仅需要流量传感器，不需要温度传感器、压力传感器和计算单元，因此热式质量流量计的结构简单，且出现故障的概率小。

4）热分布式质量流量计在检测 H_2、N_2、O_2、CO、NO 等接近理想气体的双原子气体时，不需要进行专门标定。经证明，它的检测结果与经空气标定的仪表的检测结果仅相差 2% 左右。对于 Ar、He 等单原子气体，可以乘以系数 1.4 进行换算。而对于其他气体，可以用比热容换算，但是可能会有一定的偏差。

5）气体的比热容会随着温度和压力的变化而变化，但在温度和压力变化不大的情况下，它可视为常数。

2. 缺点

1）热式质量流量计的响应速度较慢。

2）在被测气体成分变化较大的情况下，由于热导率的变化，可能会导致测量值产生较大的误差。

3）对于小流量，热式质量流量计会向被测气体输入热量。

4）对于热分布式质量流量计，如果被测气体在管壁上沉积了垢层，会影响它的测量值，因此必须定期清洗。对于细管型质量流量计，存在易堵塞的缺点，通常不适用于大流量场合。

5）热式质量流量计在测量脉动流和黏性液体时会受到一定的限制。

三、分类

除了根据工作原理的不同来分类外，热式质量流量计还有很多分类方法。根据检测变量的不同，热式质量流量计可分为使用温度测量法的热式质量流量计和使用功率消耗测量法的热式质量流量计。按照流量传感器的结构不同，热式质量流量计可分为接入管道式和插入式两种类型。根据测量的流体种类不同，热式质量流量计可用于测量气体和液体两类流体。

四、应用概况

热式质量流量计目前绝大部分用于测量气体，只有少量用于测量微小液体流量。

热分布式质量流量计的使用口径和流量均较小，较多应用于半导体工业外延扩散、石油化工微型反应装置、镀膜工艺、光导纤维制造、热处理淬火炉等场所的氢、氧、氨、燃气等气体的流量控制，以及固体制冷中固体氩蒸发等累积量和阀门制造中泄漏量的测量等。在气体色谱仪和气体分析仪等分析仪上，热式质量流量计还可用于监控取样气体量。分流型热分布式质量流量计应用于 30~50mm 以上的管径时，通常在主管道上安装孔板等节流装置或均速管，分流部分的气体到达流量传感器处进行测量。

基于冷却效应的插入式热式质量流量计近年在环境保护和流程工业中的应用发展迅速，如水泥工业竖式磨粉机排放热气的流量控制、煤粉燃烧过程中的粉/气配比控制、污水处理发生的气体流量测量、燃料电池工厂各种气体的流量测量等。大管道还有用径向分段排列的多组敏感元件组成的插入检测杆，应用于锅炉进风量控制及在烟囱烟道排气中监测 SO_2 和

NO_x 排放总量。

　　微小流量液体的热式质量流量计应用于化学、石油化工、食品等流程工业实验性装置，如在注入液化气的过程中，测量并控制流量；检测高压泵流量控制中的反馈量；控制药液配比系统的定流量配比；应用在色谱分析等仪器上来控制定量液取样及测量动物实验中的麻醉液流量。

　　热式质量流量计只能用于测量清洁的单相流体，用于气体测量的型号不能用于液体测量，反之亦然。热分布式质量流量计检测的气体必须是干燥气体，不能含有水蒸气。流体可能产生的沉积、结垢及凝结物均将影响其性能。对于热分布式质量流量计，制造厂商还应给出能接受的不清洁程度，例如，大部分给出允许微粒粒度，用户可按此来决定是否在热式质量流量计前装过滤器。热扩散式质量流量计对清洁度要求低一些，可用于测量烟道气，但必须装有阀等插入机构，以保证能在不停流的条件下取出检测头。

五、流体的物性

1. 流体的比热容和热导率

　　在热式质量流量计工作的过程中，流体的比热容和热导率必须保持恒定，才能保证测量的准确性。被测流体的工况温度和压力变化范围不大，仅在工作点附近波动，因此比热容可以视作常数。若工作点的压力和温度远离校准时的压力和温度，则需要在该工作点的压力和温度下调整比热容。

2. 流量值的换算

　　热分布式质量流量计的制造厂商通常在略高于常压的室温工况下使用空气或氮气进行标定（校准）。在实际使用中，如果工况与标定条件不同或使用的是不同的气体，则可以使用不同条件下的比热容或换算系数来换算流量值。

　　1）当气体的压力在 1MPa 以下、温度在 400K 以下时，定压比热容的变化仅为 1% ~ 2%，因此大部分使用场合不需要进行流量值的换算。但当压力和温度的变化较大时，可以通过计算各条件下的比热容或换算系数来进行流量值的换算。值得注意的是，同一气体在两种不同工况下，其定压对于比热容的比值与摩尔定压比热容的比值是相等的。

　　2）对于不同气体间流量值的换算，有两种方法。有些制造厂商的使用说明书会给出以空气为基准的转换系数 F，所以一种方法是直接利用该转换系数 F 进行流量值的换算。另一种方法是用标定（校准）气体和实际使用气体的摩尔定压比热容来进行流量值的换算，但由于还有如热导率等其他因素的影响，所以换算后的精度会降低。

六、热式质量流量计性能特点

1. 流量范围和流速

　　热式质量流量计具有较宽的流量范围，然而，由于不同供应商和设计技术之间的差异，其可测量的流量范围也会有所不同，使用时应根据说明书进行选择。在流速选择上，与其他流量计相比，热式质量流量计适用于低流速流体的测量，特别是小口径热分布式质量流量计；带测量短管的热扩散式质量流量计的可选上限（满度）流速范围较宽，上限范围度（最大上限流量/最小上限流量）为 10~30（TH1200 型）和 60~80（TH1300 型）。

　　插入式热式质量流量计的上限流速的选择范围较宽，为 0.5 ~ 100m/s，但较多用于 3 ~

60m/s 流速的测量，具体情况视其结构设计而异。插入式热式质量流量计适用于低流速烟道气的流量测量。

液体用热式质量流量计的上限流量很小，国外现有产品的上限流量范围为 10^{-1} ~ 10^{2} g/min；流量范围度为 10：1~50：1。

2. 精确度和重复性

热式质量流量计具有中等测量精确度。热分布式质量流量计的基本误差通常为±（2~2.5）% FS。重复性为（0.2%~0.5%）FS。带测量短管的热扩散式质量流量计的基本误差与热分布式质量流量计相近，也为±（2~2.5）% FS，设计优良的产品可达±2% FS。

热式质量流量计的测量精度受到多个因素的影响，其中包括基本测量精度、标定方式（如实际气体标定还是等效气体标定）、气流扰动、气体成分和安装温度以及流量计的温度补偿能力。因此，仅查阅制造厂商的产品资料中的一般性说明是不够的，安装时必须考虑这些因素。实际气体标定可以提供很好的测量精度和重复性，但在某些情况（包括但不限于复杂的混合气体或者安全因素）下可能不实用或造价非常高，这时等效气体标定就成了唯一的选择。

3. 响应性

在流量计中，热式质量流量计的响应时间是比较长的，时间常数一般为 2~5s，响应较快者为 0.5s，有些型号长达数秒、十几秒甚至几十秒。若应用于控制系统，则不能选用响应时间长的流量计。

如果将热式质量流量计用于 PID（比例、积分、微分）回路控制，则需要将其响应速度至调整适当范围。如果响应速度过快，可能会导致控制阀过度响应（即颤振），从而无法实现稳定的流量控制或阀门过早损坏。相反，如果响应速度过慢，则可能会导致控制阀动作延迟太多，从而无法达到预期的控制效果。此外，如果被测气体中存在湿气（如冷凝水滴），则当水滴接触敏感元件时，响应速度快的热式质量流量计将产生非常不稳定的读数。

4. 流体温度、环境温度和环境温度影响量

流体温度一般为 0~500℃，范围较宽者为 -10~1200℃，窑炉或烟道的高温、高粉尘型流体的温度则可高达 5500℃。

测量气体时，流体温度的变化并不影响质量流量。但若温度变化过大，会引起比热容的变化，从而导致流量计量程变化。这种影响的程度因气体种类而异，如对空气、氮气、氧气、氢气等影响不大；但有些气体例如甲烷压力在 0.1MPa，温度从 300K 升高到 400K 时，其定压比热容要增加 11.1%，此外还有零点偏移的影响。

热式质量流量计适用的环境温度范围通常为 0~50℃，较宽者为 -10~+80℃。环境温度的激烈变化将影响经热式质量流量计外壳散失的热量，导致测量值的变化，包括零点偏移和量程变化。环境温度影响量一般为±（0.5~1.5）%/（10K）。

七、安装使用

1. 安装姿势

大部分热分布式质量流量计能以任何姿势（水平、垂直或倾斜）安装。有些流量计安装好后只要在工作压力、温度下做电气零点调整即可，但有些型号的流量计对安装姿势具有敏感性，大部分制造厂商会对此就安装姿势的影响和安装要求做出说明。

大部分热扩散式质量流量计的性能不受安装姿势影响。然而在测量低流速时，因受管道内气体对流的热流影响，所以安装姿势比较重要。因此在测量低和非常低流速的流体时，若要获得精确的测量值，必须遵循制造厂商的安装建议。

2. 前置直管段

热分布式质量流量计对上、下游配管的布置不敏感，通常认为无上、下游直管段长度要求。国际标准 ISO/DIS 11451 认为流量测量不受旋转流和流速场剖面畸变影响。

带测量管的热扩散式质量流量计和插入式热式质量流量计需要一定长度的前置直管段，国际标准 ISO/DIS 14511 对此未做具体规定，可按制造厂商建议的值安装。标准 BS 7405：1991 建议将热式质量流量计安装于管道中时，需要 $(8\sim10)D$ 的上游直管段和 $(3\sim5)D$ 的下游直管段。

3. 连接管道的振动

连接热式质量流量计的管道在通常的使用情况下的正常振动不会产生振动干扰，在正常情况下不影响其测量性能。

4. 脉动流的影响

热式质量流量计的响应时间长，不适用于测量脉动流流量。若做脉动流测量，应及时了解热式质量流量计的响应性，以保证能够跟上脉动流的速度变化。脉动引起的测量误差通常使流量计输出偏高，其程度取决于脉动幅值和频率。

项目三　超声流量计的应用

超声流量计（USF）是一种利用声学原理测量液体或气体的流动速度和体积流量的传感器。其工作原理是：利用超声波在介质中的传播速度受介质的流动速度的影响，通过测量超声波传播时间的差异，从而计算出流体的流速和体积流量。超声波流量计是近十几年来随着集成电路技术迅速发展才开始应用的一种非接触式传感器，适于测量不易接触和观察的流体以及大管径流量。超声流量计具有无接触、非侵入性、精度高、可靠性好、响应速度快等特点，被广泛应用于各领域的液体和气体的流量测量。

一、工作原理

根据检测的方式，超声流量计可分为传播时间法超声流量计、多普勒法超声流量计、波束偏移法超声流量计、噪声法超声流量计及相关法超声流量计等不同类型。传播时间法超声流量计的基本原理是通过测量超声波脉冲顺水流和逆水流时的速度之差来反映流体的流速，从而测出流量；多普勒法超声流量计的基本原理是应用声波中的多普勒效应测得顺水流和逆水流的频差来反映流体的流速，从而得出流量。

1. 传播时间法超声流量计

声波在流体中传播，顺流方向声波传播速度会增大，逆流方向则减小，同一传播距离需要不同的传播时间。利用传播速度之差与被测流体流速之间的关系求取流速，称为传播时间法。按测量的具体参数的不同，传播时间法超声流量计分为时差法超声流量计、相位差法超声流量计和频差法超声流量计。现以时差法超声流量计为例，阐明其工作原理。

时差法超声流量计测量流体流量的原理如图 7-8 所示。它利用声波在流体中传播时因流体流动方向不同而传播速度不同的特点，测量声波的顺流传播时间 t_1 和逆流传播时间 t_2 的差值，从而计算出流体的流速和流量。

（1）流速方程式　以时差法超声流量计为例，如图 7-8 所示，超声波逆流从换能器 1 传送到换能器 2 的传播速度 c 因流体流速 v_m 而减小，其关系式为

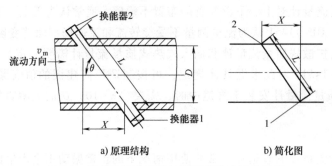

图 7-8　时差法超声流量计测量流体流量的原理

$$\frac{L}{t_{12}} = c - v_m \frac{X}{L}$$

式中　L——超声波在换能器之间传播路径的长度（m）；

　　　X——传播路径的轴向分量（m）；

　　　t_{12}——超声波从换能器 1 到换能器 2 的传播时间（s）；

　　　c——超声波在静止流体中的传播速度（m/s）；

　　　v_m——流体通过换能器 1、2 之间声道的平均流速（m/s）。

反之，超声波顺流从换能器 2 传送到换能器 1 的传播速度 c 因流体流速 v_m 而增大，其关系式为

$$\frac{L}{t_{21}} = c + v_m \frac{X}{L}$$

式中　t_{21}——超声波从换能器 2 到换能器 1 的传播时间（s）。

因此有

$$v_m = \frac{L^2}{2X}\left(\frac{1}{t_{12}} - \frac{1}{t_{21}}\right)$$

时差法超声流量计与频差法超声流量计、相差法超声流量计间原理方程式的基本关系为

$$\Delta f = f_{12} - f_{21} = \frac{1}{t_{12}} - \frac{1}{t_{21}}$$

$$\Delta \phi = 2\pi f (t_{12} - t_{21})$$

式中　Δf——频差；

　　　$\Delta \phi$——相位差；

　　　f_{21}——超声波在流体中顺流的传播频率；

　　　f_{12}——超声波在流体中逆流的传播频率；

　　　f——超声波的频率。

从中可以看出，相位差法超声流量计本质上与时差法超声流量计原理是相同的，而频率与时间互为倒数关系，所以三种方法没有本质上的差别。

（2）**流量方程式**　传播时间法超声流量计所测量和计算的流速是声道上的线平均流速，而计算流量所需的是流通横截面上的面平均流速，二者的数值是不同的，其差异取决于流速分布状况。因此，必须用一定的方法对流速分布进行补偿。此外，对于夹装式换能器，如图7-9所示，还必须对折射角受温度变化所造成的影响进行补偿，才能精确地测得流量。

其体积流量 q_v 为

$$q_v = AKv_m = \frac{\pi D^2}{4} K \frac{L}{ZX} \left(\frac{1}{t_{12}} - \frac{1}{t_{21}} \right)$$

式中　K——流速分布修正系数；

　　　D——管道内径。

若管道雷诺数 Re 变化，则 K 值也随之变化。当超声流量计测量范围度为 10 时，K 值变化约为 1%；测量范围度为 100 时，K 值变化约为 2%。流动从层流转变为湍流时，K 值变化约为 30%。所以精确测量时，必须对 K 值进行动态补偿。

直圆管内流体的特性由流体的雷诺数决定。雷诺数是个无量纲数，可通过流体的流速、管道直径、流体的密度和动态黏度计算得出。通常情况下，被测流体可以分为湍流和层流两种管流状况，当流速较高或管壁黏性较小时，流体的质点受惯性力作用较大，质点间相互混杂，呈现杂乱无章、不规则的流动，称为湍流；当流速较低或管壁黏性较大时，流体的黏性所造成的摩擦力作用较大，流体流动的状态是平滑的层状流动，各流层的质点互不混杂且层次分明，这种流动称为层流。

一般情况下，当雷诺数 $Re \geqslant 2300$ 时，可以认为已经达到湍流；雷诺数较小（小于 2300）时一般为层流。但这种特性会因为管线中存在弯管而被扰乱，通常情况下可将这种扰乱描述为在流体的管道轴向流速上叠加了一个与流向垂直正交的流速分量，称为涡流。涡流的强度取决于流体由于类似弯管的作用而产生的扰乱的强度。这种涡流无疑会对超声流量计的精度产生影响。对于流量计本身，可以通过多通道测量的方式，布置交叉的声道或者采用反射型声道来消除涡流的影响。

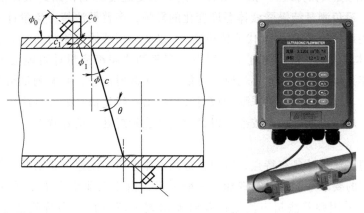

图 7-9　夹装式换能器的超声波传播途径

2. 多普勒法超声流量计

多普勒法超声流量计是依据声波中的多普勒效应，检测其多普勒频率差。超声波发生器为一固定声源，随流体以同速度运动的固体颗粒与声源之间有相对运动，该固体颗粒可把入射的超声波反射回接收器。入射声波与反射声波之间的频率差就是由于流体中固体颗粒运动而产生的声波多普勒频移。由于这个频率差正比于流体流速，所以通过测量频率差就可以求得流体流速，进而得到流体流量。

（1）流速方程式　如图 7-10 所示，当流体中含有悬浮粒子时，粒子将随着流体一起运动。设超声波在流体中传播速度为 c，流体流速为 v_m。超声波与流体流速方向夹角为 θ。当超声波束遇到以速度 v_m 沿轴线流动的固体颗粒时，对超声波发射频率而言，该粒子以 $v_m\cos\theta$ 的速度离去，因多普勒效应原理，发射换能器发射的超声波的频率为 f_1，但接收换能器 2 收到的超声波的频率为 f_0，二者之差 $\Delta f = f_0 - f_1$，多普勒频移值 Δf 为

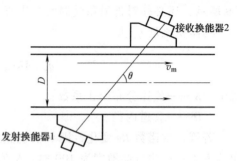

图 7-10　多普勒法超声流量计原理图

$$\Delta f = \frac{2v_m f_0 \cos\theta}{c}$$

可得到流体流速为：

$$v_m = \frac{\Delta f c}{2f_0 \cos\theta}$$

（2）流量方程式　多普勒法超声流量计的流量方程式形式上与传播时间法超声流量计的相同，流体流量方程式可写成

$$Q = Av_m = \frac{A\Delta f c}{2f_0 \cos\theta}$$

式中　A——被测管道流通截面积。

当管道条件及被测介质确定以后，多普勒频移与体积流量成正比，测量频差 Δf 就可以得到流体流量 Q。

（3）流体温度影响的修正　由于液体声速 c 是受温度影响，因此液体温度变化会引起测量误差。为了避免测量结果受液体温度变化的影响，多普勒法超声流量计一般采用管外声楔结构，即可用声楔的声速 c_0 取代流体声速 c，以减小用液体声速时的影响。

（4）散射体的影响　在实际复杂工况下，多普勒法超声流量计可能会遇到散射体的问题。当流体中年杂质过多且分布不均时，可能会干扰散射信号，影响测量精度，降低其稳定性和可靠性。对于这些挑战，可采取的应对策略包括：优化信号处理算法，以提高对干扰信号的分辨能力；加强定期维护和校准，以确保其性能始终处于良好状态。

3. 选用原则

以上几种超声流量计各有特点，应根据被测流体性质、流速分布情况、管路安装情况以及对测量准确度的要求等因素进行选择。一般说来，由于工业生产中工质的温度通常无法保持恒定，故多采用频差法超声流量计及时差法超声流量计。多普勒法超声流量计适于测量两相流，可避免接触式流量计由悬浮颗粒或气泡造成的堵塞、磨损、附着而不能运行的弊病，因而得以迅速发展。工业的发展及节能工作的开展，煤油混合、煤水混合燃料的输送和应用以及油加水助燃等节能方法的发展，都为多普勒法超声流量计的应用开辟了广阔前景。

二、优缺点

1. 优点

1）超声流量计可进行非接触式测量，能用于任何液体，特别是具有高黏度、强腐蚀、非导电性等性能的液体的流量测量，也适于测量不易接触和观察的流体以及大管径流量。它与水位计联动可进行敞开水流的流量测量。超声波流量计也可用于气体测量。

2）超声流量计对流体的测量为无流动阻挠测量，无压力损失。使用时，不用在流体中安装测量元件，故不会改变流体的流动状态，不产生附加阻力，并且其安装及检修均不影响生产管线的运行，因而超声流量计是一种理想的节能型流量计。对于大口径管道的流量测量，不会因管径大而增加投资。超声流量计具有较宽的量程比，可达 5：1，并且输出量与流量呈线性关系。

2. 缺点

1）传播时间法超声流量计只能用于测量清洁的液体和气体，多普勒法超声流量计只能用于测量含有一定量悬浮颗粒和气泡的液体。

2）多普勒法超声流量计的测量精度不高。当被测液体中含有气泡或有杂音时，将会影响测量精度，故要求变送器前、后分别有 $10D$ 和 $5D$ 的直管段。

3）超声流量计的测量线路比一般流量计复杂，成本较高。

4）可测流体的温度范围受超声换能器及换能器与管道之间的耦合材料耐温程度的限制，并且高温下被测流体中的声速原始数据不全。因此，目前我国的超声流量计只能用于测量 200℃ 以下的流体。

三、组成与分类

1. 组成

超声流量计主要由安装在测量管道上的超声换能器（或由换能器和测量管组成的超声流量传感器）和转换器组成。转换器在结构上分为固定盘装式和便携式两大类。换能器和转换器之间由专用信号传输电缆连接，在固定测量时需在适当的位置装接线盒。夹装式换能器通常还需配有安装夹具和耦合剂。图 7-11 所示为使用传播时间法来测量液体的超声流量计的系统组成。

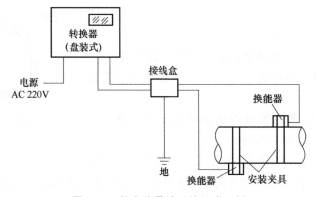

图 7-11　超声流量计系统组成示例

2. 分类

（1）按测量原理分类　封闭管道用超声流量计常用的测量原理有五种，分别为传播时间法、多普勒法、波速偏移法、噪声法和相关法。相应地，封闭管道用的超声流量计按测量原理分为五种，现在用得最多的是传播时间法超声流量计和多普勒法超声流量计。

（2）按被测流体分类　超声流量计按被测流体分为气体用和液体用两类。气体用和液体用的传播时间法超声流量计各自专用，因换能器工作频率各异，通常用于测量气体的工作频率为 100~300kHz，用于测量液体的工作频率为 1~5MHz。因固体和气体边界间超声波传播效率较低，所以测量气体的超声流量计不能采用装夹式换能器。

（3）按声道数分类　传播时间法超声流量计按声道数分为单声道超声流量计、双声道超声流量计、四声道超声流量计和八声道超声流量计。近年又出现了三声道超声流量计、五声道超声流量计和六声道超声流量计。四声道及以上的多声道配置能够提高测量精度。各声道超声流量计按换能器分布位置不同，又可分为以下几种。

1）单声道超声流量计有 Z 法（透过法）超声流量计和 V 法（反射法）超声流量计两种。

2）双声道超声流量计有 X 法（2Z 法）超声流量计、2V 法超声流量计和平行法超声流量计三种。

3）四声道超声流量计有 4Z 法超声流量计和平行法超声流量计两种。

4）八声道超声流量计有平行法超声流量计和两平行四声道交差法超声流量计两种。

当流体沿管轴平行流动时，选用 Z 法超声流量计；当流体流动方向与管路不平行或管路装置的位置使换能器装置的距离受到限制时，采用 V 法超声流量计或 X 法超声流量计。当流场分布不均匀而流量计前直管段又较短时，也可采用多声道（例如双声道或四声道）超声流量计来克制流速扰动带来的流量测量误差。

（4）按换能器安装方式分类　按换能器安装方式分为可移动安装超声流量计和固定安装超声流量计。

换能器安装不合理是超声流量计不能正常工作的主要原因。安装换能器需要考虑位置的确定和方式的选择两个问题。确定位置时除保证足够的上、下游直管段外，尤其要注意使换能器尽量避开有变频调速器、电焊机等的场合。

四、安装注意事项

1. 插入式换能器的安装

带测量管段的插入式换能器的安装应注意以下几点。

1）安装时管网必须停流，测量点管道必须截断后接入换能器。

2）连接流量传感器的管道内径必须与流量传感器内径相同，二者的误差应在±1%以内。

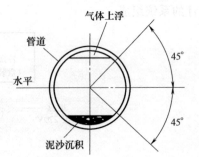

图 7-12　插入式换能器的安装位置

3）应尽可能安装在如图 7-12 所示与水平直径成 45°角的范围内，避免安装在竖直直径附近。否则在测量液体时换能器声波传送表面易受气体或颗粒影响，在测量气体时易受液滴或颗粒影响。

4）测量液体时，安装位置必须充满液体。

5）上、下游应有必要的直管段。

2. 外夹装式换能器的安装

1）剥净安装段内的保温层和保护层，并把安装处的管壁打磨平整，避免局部凹陷，修平凸出物，去除漆锈层。

2）对于垂直设置的管道，若为单声道传播时间法超声流量计，换能器的安装位置应尽可能在上游弯管的轴平面内，以获得弯管流场畸变后较接近的平均值。

3）换能器安装处和管壁反射处必须避开接口和焊缝。

4）换能器安装处的管道衬里和垢层不能太厚。

5）换能器工作面与管壁之间要保持有足够的耦合剂，不能存在空气和固体颗粒，以保证耦合良好。

6）多普勒法夹装式换能器有对称安装和同侧安装两种方法，对称安装适用于中、小管径（通常小于600mm）管道和含悬浮颗粒或气泡较少的液体；同侧安装适用于各种管径的管道和含悬浮颗粒或气泡较多的液体。

3. 安装管段的选择

安装管段的选择对测试精度影响很大，所选管段应避开干扰和涡流这两种对测量精度影响较大的情况，一般所选管段应满足下列条件。

1）避免选择水泵、大功率电台、变频等具有强磁场和振动干扰处。

2）应选择均匀致密，易于超声波传输的管段。

3）要有足够长的直管段，安装点上游直管段必须要大于$10D$，下游要大于$5D$。

4）安装点上游距水泵应有$30D$的距离。

5）管道周围要有足够的空间，以便于现场人员操作，地下管道需做测试井。

素养提升

流量传感器是一种用于测量液体或气体流量的传感器，广泛应用于各领域，具体案例如下。

案例一：流量传感器可以用于智能水表中，实时监测家庭或公共建筑的用水量，帮助用户合理使用水资源。

案例二：流量传感器可以用于工业自动化控制系统中，监测管道中的流体流量，实现自动控制和调节。

案例三：流量传感器可以用于环境监测系统中，检测排放物的流量，用于环境保护和治理。

案例四：流量传感器可以用于医疗设备中，实时监测患者的呼吸流量或输液流量，帮助医护人员及时了解患者的病情。

案例五：流量传感器可以用于食品加工生产线中，监测流体在生产过程中的流量，实现精确控制和质量保证。

通过上述案例，认识流量传感器在不同领域的应用，以及科技创新对社会、经济和生态环境的影响，引导对科技与社会发展的相互关系的思考，培养创新意识和责任意识，做到在工程实践中注重社会效益和可持续发展。同时，还可以通过这些案例，对节约资源、环境保护、健康安全等问题进行深入思考和讨论，提升综合素养和社会责任感。

复习与训练

1. 测量流量的方法有哪些？
2. 电磁流量计通常用于哪些场合？
3. 如何选用流量计来实现家用自来水流量的测量？
4. 测量有毒液体和气体时可以选用哪些流量计？测量无毒液体和气体可以选用哪些流量计？
5. 超声流量计适合于哪些场合的流量测量？
6. 了解加油站测量流量所使用的流量计的原理，说说其优缺点。

模块八

光电式传感器及其应用

　　光电式传感器是各种光电检测系统中实现光电转换的关键器件，它是把光信号（红外线、可见光及紫外线）转变成为电信号的器件，具有精度高、反应快、非接触等优点，而且可测参数多，结构简单，形式灵活多样。因此，光电式传感器在检测和控制中应用非常广泛。

　　光电式传感器是以光电器件作为转换元件的传感器。它可用于检测直接引起光量变化的非电量，如光强、光照度、辐射、气体成分等；也可用来检测能转换成光量变化的其他非电量，如零件直径、表面粗糙度、应变、位移、振动、速度、加速度，以及物体的形状、工作状态等。

　　光电式传感器具有非接触、响应快、性能可靠等特点，因此在工业自动化装置和机器人中获得广泛应用。新的光电器件不断涌现，特别是 CCD 图像传感器的诞生，为光电式传感器的进一步应用开创了新的一页。

知识点

1）光谱及光源的分类。
2）光电效应的概念及分类。
3）光电管等光电器件的工作原理、基本特性、应用等。
4）CCD 图像传感器的工作原理、应用实例。
5）CMOS 图像传感器的工作原理、应用实例等。

技能点

1）能够掌握不同类型光电式传感器的工作原理等。
2）能够选择合适的光电式传感器，以适应不同的应用场景。
3）能够根据光电式传感器的输出信号进行数据处理和分析。
4）能够根据光电式传感器的工作原理和特点，提出相应的故障排除方法。
5）能够根据光电式传感器的性能参数和技术指标，进行性能评估和比较。

模块学习目标

1）掌握光电式传感器的工作原理。
2）掌握不同类型的光电式传感器的特点和应用场景。
3）理解光电式传感器的性能参数和技术指标的含义和影响。

4）了解光电式传感器的发展趋势和前景，并能够对其进行分析和评估。

5）能够将理论知识应用于实际问题中，解决光电式传感器相关的工程问题。

项目一　光与光电效应

一、光电基础知识

1. 光谱知识

光波：波长为 $10 \sim 10^6 \mathrm{nm}$ 的电磁波。

可见光：波长为 $380 \sim 780 \mathrm{nm}$ 的电磁波。

紫外线：波长为 $100 \sim 380 \mathrm{nm}$ 的电磁波。其中，波长为 $300 \sim 380 \mathrm{nm}$ 的紫外线称为近紫外线，波长为 $200 \sim 300 \mathrm{nm}$ 的紫外线称为远紫外线，波长为 $100 \sim 200 \mathrm{nm}$ 的紫外线称为极远紫外线。

红外线：波长为 $780 \sim 10^6 \mathrm{nm}$ 的电磁波。其中，波长为 $3 \mu \mathrm{m}$（即 $3000 \mathrm{nm}$）以下的红外线称近红外线，波长超过 $3 \mu \mathrm{m}$ 的红外线称为远红外线。

光谱分布如图 8-1 所示。

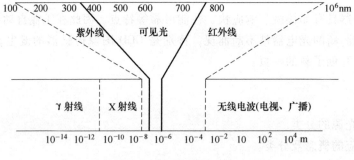

图 8-1　电磁波光谱分布

光的波长与频率的关系由光速确定，真空中的光速 $c = 2.99793 \times 10^8 \mathrm{m/s}$，通常取 $c \approx 3 \times 10^8 \mathrm{m/s}$。光的波长 λ（单位为 cm）和频率 f（单位为 Hz）的关系为

$$c = \lambda f$$

2. 光源

能够发出光的物体或装置称为光源。光源分为自然光源（太阳光）和人工光源（热辐射光源、气体放电光源、电致发光器件、激光器）两类。

（1）热辐射光源　热物体都会向空间发出一定的光辐射，基于这种原理的光源称为热辐射光源，如白炽灯、卤钨灯。热辐射光源的峰值波长与物体温度有关，物体温度越高，辐射能量越大，波长就越短。热辐射光源有以下特点：

1）响应速度慢，调制频率低于 1kHz，不能用于快速的正弦和脉冲调制。

2）白炽灯为可见光源，峰值波长在近红外线区域，可用作近红外线光源。

3）输出功率大。

（2）气体放电光源　电流通过气体时会产生发光现象，利用这种原理制成的光源称为气体放电光源。气体放电光源的光谱是不连续的，光谱与气体的种类以及放电条件有关。低压汞灯、氢灯、钠灯、镉灯、氦灯统称为光谱灯，它与氙灯都属于气体放电光源。

（3）电致发光器件　固体发光材料在电场激发下产生的发光现象称为电致发光，它是将电能直接转换成光能的过程。利用这种现象制成的器件称为电致发光器件。发光二极管、半导体激光器、电致发光屏等都属于电致发光器件。发光二极管具有体积小、寿命长（50000h）、工作电压低、响应速度快、发热量小等优点，在单片机中使用较多。发光二极管的发光强度与电流成正比，这个电流约在几十毫安之内，太大会引起输出光强饱和，甚至损坏器件，使用时常串联一个电阻。

（4）激光器　激光英文简称为 LASER，是 Light Amplification by Stimulated Emission of Radiation 的缩写。某些物质的分子、原子、离子吸收外界特定能量，从低能级跃迁到高能级上，如果处于高能级的粒子数大于低能级上的粒子数，就形成了粒子数反转，在特定频率光子的激发下，高能级上的粒子集中地跃迁到低能级上，发射出与激发光子频率相同的光子。在光受激辐射放大的过程中，发射出的光子数并不一定大于激发光子数，而是通过该过程来增强光的强度和相干性。具有这种功能的器件称为激光器。

激光器有单色性好、方向性好、亮度高、相干性好等优点。常用的激光器有以下三种：

1）固体激光器（如红宝石）。

2）气体激光器（如 He-Ne 光源、CO_2 光源、远红外光源）。

3）液体激光器。

二、光电效应

光电效应是指物体吸收了光能后将其转换为该物体中某些电子的能量，从而产生的电效应，包括外光电效应、内光电效应。

1. 外光电效应

在光的作用下，物体内的电子逸出物体表面向外发射的物理现象称为外光电效应，也称光电发射效应。逸出来的电子称为光电子。

外光电效应可用爱因斯坦光电方程来描述，即

$$\frac{1}{2}mv^2 = hf - W$$

式中　m——电子质量；

　　　v——电子逸出物体表面的初速度；

　　　hf——光子能量；

　　　W——金属材料的逸出功（金属表面对电子的束缚）。

爱因斯坦光电方程揭示了光电效应的本质。根据爱因斯坦的假设：一个光子的能量只能给一个电子，因此一个单个的光子把全部能量传给物体中的一个自由电子，使自由电子的能量增加为 hf，这些能量一部分用于克服逸出功 W，另一部分作为电子逸出时的初动能 $\frac{1}{2}mv^2$。

由于逸出功 W 与材料的性质有关，当材料选定后，要使金属表面有电子逸出，入射光的频率 f 有最低的限度，当 hf 小于 W 时，即使光通量很大，也不可能有电子逸出，这个最低限度的频率称为红限频率。当 hf 大于 W 时，光通量越大，逸出的电子数目也越多，光电流也

就越大。

基于外光电效应的光电器件有紫外光电管、光电倍增管、光电摄像管等。

2. 内光电效应

光照射在物体上，使物体的电阻率 ρ 发生变化，或产生光生电动势的现象称为内光电效应，它多发生于半导体内。根据工作原理的不同，内光电效应分为光电导效应和光生伏特效应两类。

（1）光电导效应　在光的作用下，电子吸收光子能量从键合状态过渡到自由状态，而引起材料电导率的变化，这种现象被称为光电导效应。基于这种效应的光电器件有光敏电阻等。

（2）光生伏特效应　在光的作用下，物体产生一定方向电动势的现象称为光生伏特效应。基于光生伏特效应的光电器件有光电池等。

项目二　光电器件

一、外光电效应器件

外光电效应器件是指利用物质在光的照射下发射电子的外光电效应而制成的光电器件，一般都是真空的或充气的光电器件，如光电管和光电倍增管。

1. 光电管

（1）光电管的结构与工作原理　光电管分为真空光电管（又称电子光电管）和充气光电管（又称离子光电管）两类。两者结构相似，如图8-2所示。

真空光电管的光电阴极和光电阳极封装在真空玻璃管内。光电阴极通常是用逸出功小的光敏材料涂敷在玻璃泡内壁上做成，其感光面对准光的照射孔。光电阳极通常用金属丝弯曲成矩形或圆形，置于玻璃管的中央。当光线照射到光敏材料上时，光电阴极便有电子逸出，这些电子被具有正电位的光电阳极吸引，在光电管内形成空间电子流，在外电路就产生电流。

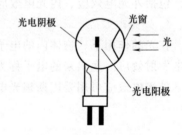

图 8-2　光电管结构图

（2）基本特性　光电器件的性能主要通过伏安特性、光照特性、光谱特性、响应时间、峰值探测率和温度特性来描述。

1）光电管的伏安特性。在一定的光照下，对光电器件的光电阴极所加的电压与光电阳极所产生的电流之间的关系称为光电管的伏安特性，如图8-3所示。它是选用光电传感器参数的主要依据。

2）光电管的光照特性。当光电管的光电阳极和光电阴极之间所加电压一定时，通常将光通量与光电流之间的关系称为光电管的光照特性。如图8-4所示，曲线1表示氧铯阴极光电管的光照特性，光电流与光通量呈线性关系；曲线2为锑铯阴极光电管的光照特性，其光电流与光通量呈非线性关系。光照特性曲线的斜率（光电流与入射光光通量之比）称为光电管的灵敏度。

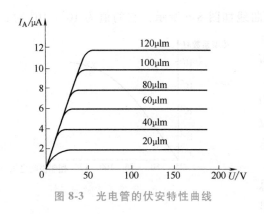

图 8-3　光电管的伏安特性曲线

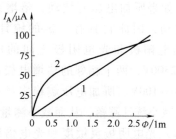

图 8-4　光电管的光照特性曲线

3）光电管的光谱特性。由于光电阴极对光谱有选择性，因此光电管对光谱也有选择性。保持光通量和光电阴极电压不变，光电阳极电流与光波长之间的关系称为光电管的光谱特性。对于光电阴极材料不同的光电管，一般有不同的红限频率，因此可用于不同的光谱范围。除此之外，即使照射在光电阴极上的入射光的频率高于红限频率且强度相同，但若入射光的频率不同，光电阴极发射的光电子的数量也会不同，即同一光电管对于不同频率的光的灵敏度不同，这就是光电管的光谱特性。所以，对各种不同波长区域的光，应选用不同材料的光电阴极。

2. 光电倍增管

（1）光电倍增管的结构和工作原理　当入射光很微弱时，普通光电管产生的光电流很小，只有零点几微安，很不容易探测，这时常用光电倍增管对电流进行放大。如图 8-5 所示，光电倍增管由光电阴极、倍增电极 $D_1 \sim D_n$ 以及光电阳极三部分组成。倍增电极多的可达 30 级。光电阳极是最后用来收集电子的，收集到的电子数是光电阴极发射电子数的 $10^5 \sim 10^6$ 倍。即光电倍增管的放大倍数可达几十万到几百万，所以光电倍增管的灵敏度比普通光电管高几十万到几百万倍，它的主要参数为倍增系数 M。倍增系数 M 等于 n 个倍增电极的二次电子发射系数 δ 的乘积。如果 n 个倍增电极的 δ 都相同，那么，光电阳极电流 I 为

$$I = i\delta^n$$

式中　i——光电阴极的光电流。

光电倍增管的电流放大倍数 β 为

$$\beta = \frac{1}{i}\delta^n$$

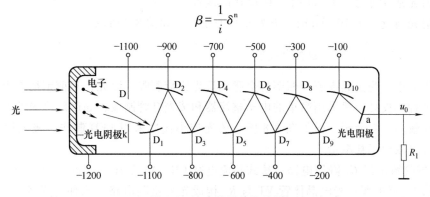

图 8-5　光电倍增管的结构

倍增系数 M 与所加电压有关，其特性曲线如图 8-6 所示，它的值为 $10^5 \sim 10^8$ 时，稳定性为 1% 左右，所加电压稳定性要在 0.1% 以内。如果所加电压有波动，倍增系数 M 也要波动，因此它具有一定的统计涨落。一般光电阳极和光电阴极之间的电压为 $1000 \sim 2500\mathrm{V}$，两个相邻的倍增电极的电位差为 $50 \sim 100\mathrm{V}$。所加电压越稳定越好，这样可以减小统计涨落，从而减小测量误差。

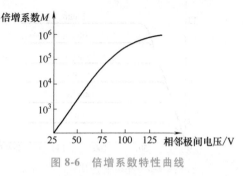

图 8-6　倍增系数特性曲线

（2）光电阴极灵敏度和光电倍增管总灵敏度　一个光子在光电阴极上能够逸出的平均电子数叫作光电倍增管的光电阴极灵敏度。而一个光子在光电阳极上收集的平均电子数叫作光电倍增管的总灵敏度。

光电倍增管的最大灵敏度可达 $10\mathrm{A/lm}$，极间电压越高，灵敏度越高；但极间电压也不能太高，因为太高会使光电阳极电流不稳定。

另外，由于光电倍增管的灵敏度很高，所以不能受强光照射，否则将会损坏。

（3）暗电流和本底电流　一般需要将光电倍增管放在暗室里避光使用，使其只对入射光起作用。但是由于环境温度、热辐射和其他因素的影响，即使没有光信号输入，加上电压后光电阳极仍有电流，这种电流称为暗电流，是由热发射或场致发射造成的，可以通过补偿电路消除。

如果光电倍增管与闪烁体放在一处，并且处于完全蔽光的情况下，产生的电流称为本底电流，其值大于暗电流。本底电流中超过暗电流的部分是由宇宙射线对闪烁体的照射引发的，激发的闪烁体会照射到光电倍增管上，从而产生本底电流，该电流为脉冲形式。

（4）光电倍增管的光照特性　光照特性反映了光电倍增管的光电阳极输出电流与照射在光电阴极上的光通量之间的函数关系。对于较好的光电倍增管，在很宽的光通量范围之内，这个关系是线性的，即入射光通量小于 $10^{-4}\mathrm{lm}$ 时，有较好的线性关系；入射光通量大于 $10^{-4}\mathrm{lm}$ 时，开始出现非线性，如图 8-7 所示。

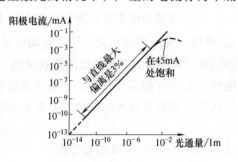

图 8-7　光电倍增管的光照特性

二、光电式传感器的应用实例

日常生活中，晚上起夜若开照明灯会感到灯光比较刺眼。因此，目前市场上出现了一种小夜灯。这种小夜灯一般采用简单的电子整流器和荧光灯管制成，亮度跟月光差不多。其缺点是耗电比较多，寿命短。而如图 8-8 所示的光控小夜灯采用 LED 制作，极大地延长了使用寿命，并且减少了耗电量。

220V 的交流电经 C_1 降压电路、桥式整流电路 UR、VS 稳压管后得到 +12V 的脉动直流，经 C_2 滤波成直流电源；光电晶体管 VT 与 R_4 构成光强检测电路，当环境光较强（如白天、晚上开灯）时，VT 阻值很小，整流器 VC 截止，LED 串（LED1 ~ LED5）不亮；夜晚灭灯后，VT 阻值很大，VC 导通，LED 串（LED1～LED5）点亮。

　　LED 串（LED1～LED5）若选用白色 LED（正向压降为 3V 左右，发光电流稍大一些），可把脉动直流电压提高到 15～18V，再通过调节 R_2，可使小夜灯亮度适中。5 只 LED（可以再增加）可以拼成图案（如梅花），就更有艺术效果，面板可用透明有机板制作。

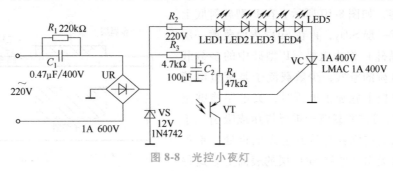

图 8-8　光控小夜灯

项目三　CCD 图像传感器

　　图像传感器利用光电器件的光电转换功能将感光面上的光像转换为与光像成相应比例关系的电信号。与光电二极管、光电晶体管等点光源的光敏器件相比，图像传感器将其感光面上的光像分成许多小单元并转换成可用的电信号的一种功能器件。图像传感器可分为光导摄像管图像传感器和固态图像传感器。与光导摄像管图像传感器相比，固态图像传感器具有体积小、重量轻、集成度高、分辨力高、功耗低、寿命长、价格低等特点，因此在各个行业得到了广泛应用。

　　机械量测量中有关形状和尺寸的信息以图像方式表达最为方便。目前较为实用的图像传感器为电荷耦合器件（Charge Couple Device，CCD）图像传感器。它分为线阵 CCD 图像传感器和面阵 CCD 图像传感器，如图 8-9 所示。前者用于尺寸和位移的测量，后者用于平面图形、文字的传递等。目前，面阵 CCD 图像传感器已作为固态摄像器用于可视电话和闭路电视等，在生产过程的监视和楼宇安保系统等领域的应用也日趋广泛。

a) 线阵CCD图像传感器

b) 面阵CCD图像传感器

图 8-9　CCD 图像传感器

一、基本工作原理

　　与其他大多数电子器件不同的是，CCD 图像传感器是以电荷作为信号，而不是以电流或者电压作为信号。CCD 图像传感器的基本功能是存储电荷和转移电荷。因此，CCD 图像传感器的工作过程主要包括信号电荷的产生、存储、传输和读出。

1. 光/电转换及电荷的存储

CCD 图像传感器是由许多光敏像元组成的。每一个像元就是一个 MOS（金属-氧化物-半导体）电容，如图 8-10 所示。在 P 型硅衬底上通过氧化形成一层 SiO_2，再在 SiO_2 表面蒸镀一层金属层（多晶硅）作为电极。P 型硅中的多数载流子是带正电荷的空穴，少数载流子是带负电荷的电子。当电极上施加正电压时，其电场能够透过 SiO_2 绝缘层对这些载流子进行排斥或吸引。于是，带正电荷的空穴被排斥到远离电极处，带负电荷的电子被吸引到紧靠 SiO_2 层的表面上。这种现象便形成了对电子而言的陷阱，电子一旦进入就不能复出，故称其为电子势阱。

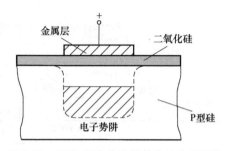

图 8-10　CCD 图像传感器基本结构示意图

当一束光投射到 MOS 电容上时，光子穿过多晶硅电极及 SiO_2 层，进入 P 型硅衬底，光子的能量被半导体吸收，产生电子-空穴对，这时出现的电子被吸引并储存在电子势阱中。射入的光线越强，电子势阱中收集的电子就越多，从而实现了光和电的转换。而电子势阱中的电子处于被储存状态，即使停止光照，一定时间内也不会损失，这就实现了对光照的记忆。

2. 电荷的耦合及转移

CCD 图像传感器除了能储存电荷之外，还具有转换图像信息电荷的能力，故又称其为动态移位寄存器。为了实现信号电荷的转移，首先必须使 MOS 电容阵列的排列足够紧密（间隔小于 3mm），以使相邻 MOS 电容的电子势阱相互耦合。其次，根据加在 MOS 电容上的电压越高，产生的电子势阱越深的原理，可通过控制相邻 MOS 电容栅极电压的高低来调节电子势阱的深浅，使信号电荷由电子势阱浅的地方流向电子势阱深的地方。此外还必须指出，在 CCD 图像传感器中，电荷的转移必须按照确定的方向进行。为此，在 MOS 阵列上所加的各路电压脉冲（即时钟脉冲）必须严格满足相位的要求，使得任何时刻电子势阱的变化总是朝着一个方向。例如，电荷向右转移，则任何时刻，当存有信号的电子势阱抬起时，在它右边的电子势阱总比左边的深，这样就可保证电荷始终向右转移。为了实现这种定向转移，将 CCD 图像传感器的 MOS 阵列划分成以几个相邻 MOS 电荷为一个单元的无限循环结构，每一个单元称为一位。将每一位中的电容栅极分别接到共同的电极上，此共同电极称为相线。例如，把 MOS 线阵电容划分成相邻的三个 MOS 电荷为一个单元的无限循环结构，其中第 1、4 等电容的栅极连接到同一根相线上，第 2、5 电容的栅极连接到第二根共同的相线上，第 3、6 电容的栅极连接到第三根共同的相线上，如图 8-11b 所示。显然，一位 CCD 图像传感器中含的电容个数即为 CCD 图像传感器的相线数，每相电极连接的电容个数一般来说为 CCD 图像传感器的位数。通常，CCD 图像传感器有二相、三相、四相等几种结构，它们所施加的时钟脉冲也分别为二相、三相、四相。二相脉冲、三相脉冲、四相脉冲的相位差分别为 180°、120°、90°。当这种时钟脉冲加到 CCD 图像传感器的无限循环结构上时，将实现信号电荷的定向转移。

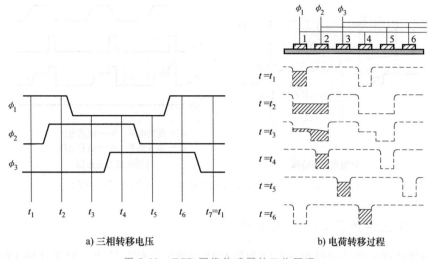

a) 三相转移电压   b) 电荷转移过程

图 8-11   CCD 图像传感器的工作原理

如图 8-11 所示为三相 CCD 图像传感器中的两位。如果在每一位的三个电极上都加上如图 8-11a 所示的脉冲电压，则可实现电荷的转移。其具体工作过程如图 8-11b 所示，图中，表面势的增加方向被定义为朝下的方向。在 $t = t_1$ 时，ϕ_1 处于高电平，而 ϕ_2、ϕ_3 处于低电平。由于 ϕ_1 电极上的栅压大于开启电压，故在 ϕ_1 电极下形成电子势阱。假设此时有外来的电荷注入，则电荷将积聚到 ϕ_1 电极下。当 $t = t_2$ 时，ϕ_1、ϕ_2 同时处于高电平，ϕ_3 处于低电平，故在 ϕ_1、ϕ_2 电极下都形成电子势阱。由于这两个电极靠得很近，电荷就从 ϕ_1 电极下耦合到 ϕ_2 电极下。当 $t = t_3$ 时，ϕ_1 上的栅压小于 ϕ_2 上的栅压，故 ϕ_1 电极下的电子势阱变浅，电荷更多地流向 ϕ_2 电极下。当 $t = t_4$ 时，ϕ_1、ϕ_3 都处于低电平，只有 ϕ_2 处于高电平，故电荷全部聚集到 ϕ_2 的电极下，实现了电荷从电极 ϕ_1 到 ϕ_2 下的转换。经过同样的过程，当 $t = t_5$ 时，电荷包又耦合到 ϕ_3 电极下。依次类推。因此，在时钟脉冲的控制下，CCD 图像传感器电子势阱的位置可以定向移动，信号电荷也就随之转移。

3. 电荷的读出

通常 CCD 图像传感器信号电荷包的读出采用选通电荷积分器结构。以三相 CCD 图像传感器为例，其输出电路结构如图 8-12a 所示。信号电荷包在外加驱动脉冲的作用下，在 CCD 移位寄存器中按顺序传送到输出级。当电荷包进入最后一个电子势阱（ϕ_3 下面）中时，复位脉冲 ϕ_R 为正，场效应管 T_1 导通，输出二极管 VD 处于很强的反向偏置之下，其结电容 C_S 被充电到一个固定的直流电平上，于是场效应管 VF_2 的输出电平被复位到一个固定的且略低于 V_{CC} 的电平上，此电平称为复位电平。当 ϕ_R 正脉冲结束后，VF_1 截止，由于 VF_1 存在一定的漏电流，这个漏电流在 T_1 上产生一个小的管压降，使输出电压有一个下跳值，称为馈通电压。当 ϕ_R 为正时，ϕ_3 也处于高电位，信号电荷被转移到 ϕ_3 电子势阱中，由于输出栅压 V_{OG} 是一个比 ϕ_3 低的正电位，因此信号电荷仍被保存在 ϕ_3 电子势阱中，但随着 ϕ_R 正脉冲结束并变得低于 V_{OG} 时，信号电荷进入 C_S 后，立即使 A 点电位下降到一个与信号电荷量成正比的电位上，即信号电荷越多，A 点电位下降得越多。与此同时，VF_2 输出电平 V_{OS} 也跟随下降，其下降幅度才是真正的信号电压。CCD 图像传感器输出信号波形如图 8-12b 所示。

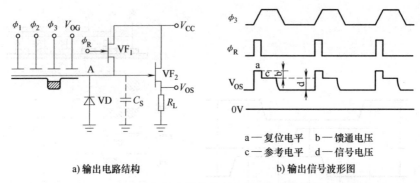

a—复位电平　b—馈通电压
c—参考电平　d—信号电压

a) 输出电路结构　　　　　　　b) 输出信号波形图

图 8-12　CCD 图像传感器输出电路结构与输出信号波形图

二、CCD 图像传感器的应用案例

CCD 图像传感器的功能是把光学图像信号转变成视频信号输出。对于线阵 CCD 图像传感器，其光敏单元及移位寄存器排成一维阵列，输出为一维视频信号；对于面阵 CCD 图像传感器，其光敏单元及移位寄存器呈二维排列，输出为二维视频信号。

机械量测量中常用线阵 CCD 图像传感器来测量物体的尺寸和位移。下面将以 TCD141C 为例来介绍线阵 CCD 图像传感器。

线阵 CCD 图像传感器分为单沟道型和双沟道型两种。单沟道型线阵 CCD 图像传感器中的转移区——移位寄存器只有一列，位于光敏单元的一侧；而双沟道型线阵 CCD 图像传感器中的移位寄存器有两列，分别位于光敏单元的两侧。

TCD141C 为 5000 个像元的高灵敏度线阵 CCD 图像传感器，是双路输出的二相 CCD 图像传感器。它的像元尺寸为 7mm×7mm，相邻像元中心距也为 7mm，像元阵列总长为 35mm，其结构如图 8-13 所示。

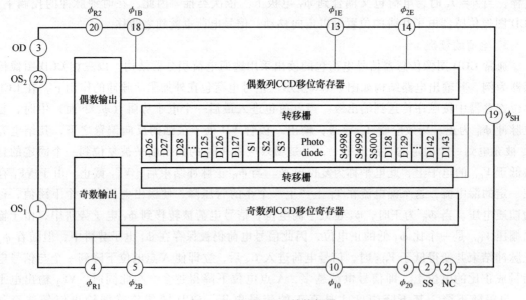

图 8-13　TCD141C 结构框图

TCD141C 各引脚的含义见表 8-1。

表 8-1　TCD141C 各引脚的含义

序号	引脚符号	含义
1	OS_1	信号输出 1
2	OS_2	信号输出 2
3	ϕ_{1O}、ϕ_{1E}	时钟
4	ϕ_{2O}、ϕ_{2B}	时钟
5	ϕ_{SH}	转移栅
6	ϕ_{R1}、ϕ_{R2}	复位栅
7	OD	电源
8	SS	地
9	NC	空脚

如图 8-14 所示，当转移脉冲 ϕ_{SH} 为高电平时，驱动脉冲 ϕ_1 也为高电平，ϕ_{SH} 使光敏器件所存储的光生电荷能够并行地向上、下两个移位寄存器中的 ϕ_1 电子势阱里转移。光敏器件阵列中的奇数光敏单元的光生电荷向上面的移位寄存器的 ϕ_1 电极转移，偶数光敏单元的光生电荷向下面的移位寄存器的 ϕ_1 电极转移。当电压由高变低时，转移过程很快结束，此时光敏器件与移位寄存器被 ϕ_{SH} 电极下的电子势阱隔开。上、下两列模拟移位寄存器将分

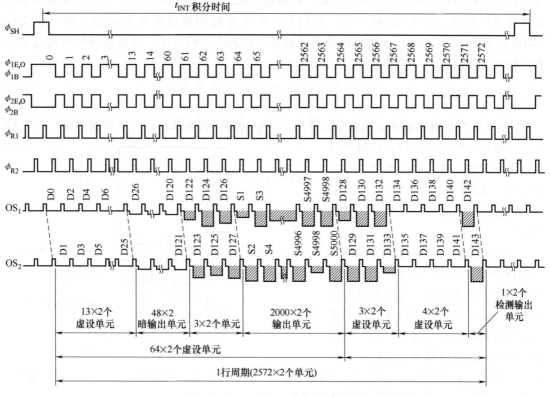

图 8-14　TCD141C 驱动脉冲波形图

别在 ϕ_1、ϕ_2 驱动脉冲的作用下向左转移，并分别经输出单元电路，在复位脉冲 ϕ_{R1} 和 ϕ_{R2} 的作用下分别由 OS_1 和 OS_2 两端输出奇、偶数列光电脉冲信号。ϕ_{R1} 和 ϕ_{R2} 的高电平交替到来，奇、偶数列信号脉冲间隔着从 OS_1 和 OS_2 输出端输出，这样的信号有利于计算机采集和处理。

项目四　CMOS 图像传感器

图像传感器是将光信号转换为电信号的装置，在数字电视、可视通信市场中有着广泛的应用。20 世纪 60 年代末期，美国贝尔实验室发现电荷通过半导体势阱发生转移的现象，提出了固态成像这一新概念和一维 CCD 模型器件。到 20 世纪 90 年代初，CCD 技术已比较成熟，得到了非常广泛的应用。但是随着 CCD 应用范围的扩大，其缺点逐渐暴露出来。首先，CCD 技术的芯片技术工艺复杂，不能与标准工艺兼容。其次，CCD 技术芯片需要的电压功耗大，因此 CCD 技术芯片价格昂贵且使用不便。目前，最引人注目，最有发展潜力的是采用标准的互补金属氧化物半导体（Complementary Metal Oxide Semiconductor，CMOS）技术来生产的图像传感器，即 CMOS 图像传感器。

CMOS 图像传感器芯片采用了 CMOS 工艺，可将图像采集单元和信号处理单元集成到同一块芯片上。由于具有上述特点，它适合大规模批量生产，适用于要求小尺寸、低价格、摄像质量无过高要求的应用，如保安用小型、微型相机，手机，计算机网络视频会议系统，无线手持式视频会议系统，条形码扫描器，传真机，玩具，生物显微计数，某些车用摄像系统等大量商用领域。20 世纪 80 年代，英国爱丁堡大学成功地制造出了世界上第一块单片 CMOS 图像传感器。目前，CMOS 图像传感器正在得到广泛的应用，具有很强的市场竞争力和广阔的发展前景。

一、CMOS 图像传感器的基本工作原理

CMOS 图像传感器通常由像敏单元阵列、行驱动器、列驱动器、时序控制逻辑、A/D 转换器、数据总线输出接口、控制接口等几部分组成，这几部分通常都被集成在同一块硅片上。其工作过程一般可分为复位、光电转换、积分、读出几部分。

CMOS 图像传感器的功能框图如图 8-15 所示。首先，外界光照射像素阵列，发生光电效应，在像素单元内产生相应的电荷。行选择逻辑单元根据需要选通相应的行像素单元。行像素单元内的图像信号通过各自所在列

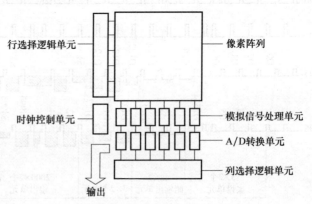

图 8-15　CMOS 图像传感器的功能框图

的信号总线传输到对应的模拟信号处理单元以及 A/D 转换器，被转换成数字图像信号输出。其中行选择逻辑单元可以对像素阵列进行逐行扫描，也可隔行扫描。

行选择逻辑单元与列选择逻辑单元配合使用可以实现图像的窗口提取功能。模拟信号处

理单元的主要功能是对信号进行放大处理，并且提高信噪比。另外，为了获得质量合格的实用摄像头，芯片中必须包含各种控制电路，如曝光时间控制、自动增益控制等。为了使芯片中各部分电路按规定的节拍动作，必须使用多个时序控制信号。为了便于摄像头的应用，还要求芯片能输出一些时序信号，如同步信号、行起始信号、场起始信号等。

二、像素阵列的工作原理

图像传感器一个直观的性能指标就是对图像的复现能力。而像素阵列就是直接关系这一指标的关键功能模块。按照像素阵列单元结构的不同，可以将像素单元分为无源像素单元（Passive Pixel Schematic，PPS）、有源像素单元（Active Pixel Schematic，APS）和对数式像素单元，有源像素单元又可分为光电二极管型 APS 和光栅型 APS。以上各种像素阵列单元各有特点，但是它们有着基本相同的工作原理。图 8-16 是单个像素的结构示意图。图 8-16 中的 M 是金属-氧化物-半导体场效应晶体管（Metal-Oxide-Semiconductor Field-Effect Transistor，MOSFET），是一种常见的场效应晶体管（FET）类型。它由一个金属栅极、一个绝缘层（通常是氧化物）和一个半导体层组成。MOSFET 的操作基于栅极电压控制源漏电流的原理。当电路中的 MOSFET 处于复位状态时，MOSFET 被打开，电容器被充电至电压 V，同时二极管处于反向截止状态。这种状态通常是为了确保在系统启动或重置时，电路处于一种已知的起始状态，又便正确地进行后续操作。

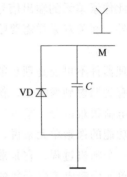

图 8-16　单个像素结构示意图

像素阵列单元的工作原理如下：

1）首先进入复位状态。打开 MOSFET，电容被充电至电压 V（具体电压值需根据电路图和参数来确定），二极管处于反向截止状态。

2）然后进入取样状态。关闭 MOSFET，在光照下二极管产生光电流，使电容放电，经过一个固定时间间隔后，电容 C 上存留的电荷量就与光照成正比例，这时就将一幅图像摄入到了敏感元件阵列之中了。

3）最后进入读出状态。再打开 MOSFET，逐个读取各像素中电容 C 上存储的电荷电压。

无源像素单元出现得最早，自出现以来结构没有多大变化。其结构简单，像素填充率高，量子效率比较高，但它有两个显著的缺点：一是它的读出噪声比较大，其典型值为 20 个电子，商业用的 CCD 级技术芯片读出噪声的典型值为 20 个电子；二是随着像素个数的增加，读出速率加快，读出噪声变大。

光电二极管型 APS 的量子效率比较高，由于采用了新的降噪技术，它输出的图形信号质量较以前有很大提高，读出噪声一般为 75~100 个电子。此种结构的特定设计参数适合于中低档的应用场合。

在光栅型 APS 结构中，固定图形噪声得到了抑制。其读出噪声为 10~20 个电子。但光栅型 APS 的工艺比较复杂，严格说并不能算完全的 CMOS 工艺。由于多晶硅覆盖层的引入，使其量子效率比较低，尤其对蓝光更是如此。就目前看来，光栅型 APS 整体性能优势并不十分突出。

三、影响 CMOS 图像传感器性能的主要问题

1. 噪声

噪声是影响 CMOS 图像传感器性能的首要问题。这种噪声包括固定图形噪声（Fixed Pattern Noise，FPN）、暗电流噪声和热噪声等。产生固定图形噪声的原因是一束同样的光照射到两个不同的像素上产生的输出信号不完全相同。消除固定图形噪声可以应用双采样或相关双采样技术。双采样是先读出光照产生的电荷积分信号并暂存，然后将对像素单元复位，再读取此像素单元的输出信号。两者相减得出图像信号。两种采样均能有效抑制固定图形噪声。另外，相关双采样需要临时存储单元，随着像素的增加，存储单元也要增加。

2. 暗电流

物理器件不可能是理想的，如同亚阈值效应一样，由于杂质、受热等其他原因的影响，即使没有光照射到像素上，像素单元也会产生电荷，这些电荷产生了暗电流。暗电流与光照产生的电荷很难区分。暗电流在像素阵列各处也不完全相同，会导致固定图形噪声。对于含有积分功能的像素单元来说，暗电流所造成的固定图形噪声与积分时间成正比。暗电流的产生也是一个随机过程，它是散弹噪声的一个来源。因此，热噪声元件所产生的暗电流大小等于像素单元中暗电流电子数的平方根。当长时间的积分单元被采用时，这种类型的噪声就变成了影响图像信号质量的主要因素，所以对于昏暗物体，长时间的积分是必要的。像素单元电容容量是有限的，于是暗电流电子的积累限制了积分的最长时间。为减少暗电流对图像信号的影响，可以采取降温的方法。但是，仅对芯片降温是远远不够的，由暗电流产生的固定图形噪声不能完全通过双采样克服。现在采用的有效的方法是从已获得的图像信号中减去参考暗电流信号。

3. 像素的饱和与溢出模糊

类似于放大器由于线性区的范围有限且存在一个输入上限，CMOS 图像传感器芯片也有一个输入上限。输入光信号若超过此上限，像素单元将饱和而不能进行光电转换。对于含有积分功能的像素单元来说，该上限由光电子积分单元的容量大小决定；对于不含积分功能的像素单元，该上限由流过光电二极管或晶体管的最大电流决定。在输入光信号饱和时，溢出模糊就发生了。溢出模糊是由于像素单元的光电子饱和进而流出到邻近的像素单元上而造成的。溢出模糊反映到图像上就是一片特别亮的区域，有些类似于照片上的曝光过度。溢出模糊可通过在像素单元内加入自动泄放管来克服，泄放管可以有效地将过剩电荷排出。但是，这只是限制了溢出，却不能使像素真实还原出图像。

四、CMOS 图像传感器的应用

1. 数码照相机

人们使用胶卷照相机已经上百年了，20 世纪 80 年代以来，人们利用高新技术，发展了不用胶卷的 CCD 数码照相机，使照相机产生了根本的变化。电可写可控的廉价 FLASH ROM 的出现，以及低功耗、低价位的 CMOS 摄像头的问世，为数码照相机打开了新的局面。数码照相机功能框图如图 8-17 所示。

从图 8-17 中可以看出，数码照相机的内部装置与传统照相机完全不同，彩色 CMOS 摄像头在电子快门的控制下，摄取一幅照片存于 DRAM 中，然后再转至 FLASH ROM 中存放起

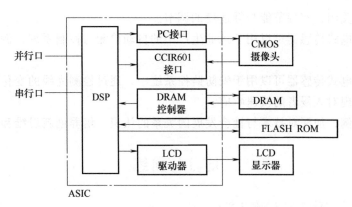

图 8-17 数码照相机功能框图

来。根据 FLASH ROM 的容量和图像数据的压缩水平，可以决定能存储照片的张数。如果将 ROM 换成 PCMCIA 卡，就可以通过换卡，扩大数码照相机的容量，这就像更换胶卷一样，将数码照相机的数字图像信息转存至 PC 的硬盘中存储，大大方便了照片的存储、检索、处理、编辑和传送。

2. CMOS 数字摄像机

美国 Omni Vison 公司推出的由 OV7610 型 CMOS 彩色数字图像芯片、OV511 型高级摄像机以及 USB 接口芯片所组成的 USB 摄像机，其分辨率高达 640×480，适用于通用串行总线传输的视频系统。OV511 型高级摄像机的推出，使 PC 能以更加实时的方法获取大量视频信息，其压缩芯片的压缩比可达 7∶1，从而保证了图像传感器到 PC 的快速图像传输。对于 CIF 图像格式，OV511 型高级摄像机可支持高达 30 帧/s 的传输速率，减少了低带宽应用中常出现的图像跳动现象。OV511 型高级摄像机作为高性能的 USB 接口的控制器，具有足够的灵活性，适合视频会议、视频电子邮件、计算机多媒体和保安监控等场合应用。

3. 其他领域应用

CMOS 图像传感器是一种多功能传感器，由于它兼具 CCD 图像传感器的性能，因此可进入 CCD 的应用领域，但它又有自己独特的优点，所以开拓了许多新的应用领域。除了上述介绍的主要应用之外，CMOS 图像传感器还可应用于数字静态摄像机和医用小型摄像机等。例如，心脏外科医生可以在患者胸部安装一个基于 CMOS 图像传感器的小"硅眼"，以便在手术后监视手术效果。

素养提升

光电式传感器是一种可以将光信号转换成电信号的传感器，广泛应用于自动化控制、工业生产、安防监控等领域，具体案例如下。

案例一：光电式传感器可以用于自动门的控制系统中，通过检测人体或物体的进出来实现门的自动开闭。

案例二：光电式传感器可以用于机器人导航与避障系统中，通过检测周围环境的光照强度和反射光来判断前方是否有障碍物，从而实现机器人的自主导航和避障。

案例三：光电式传感器可以用于光照控制系统中，通过检测室内外光照强度的变化来控制灯光的开启与关闭，实现节能与舒适度的调节。

案例四：光电式传感器可以用于工业生产中的自动检测与控制系统，例如产品质检、物料输送等。

案例五：光电式传感器可以用于安防监控系统中，通过检测光线的变化来监测周围环境的安全情况，实现对入侵者的快速响应。

通过上述案例，加深对技术与社会发展的关系的认识，培养创新思维和责任感。

复习与训练

1. 什么是光电式传感器？它是如何工作的？
2. 列举几种常见的光电式传感器及其应用。
3. 光电式传感器的工作原理是什么？它如何将光信号转换成电信号？
4. 光电式传感器的优点是什么？相比其他传感器，它有何特点？
5. 光电式传感器的应用领域有哪些？请列举几个具体的应用案例。
6. 光电式传感器在自动化控制系统中的作用是什么？举例说明。
7. 光电式传感器在机器人技术中的应用是什么？请举例说明。
8. 光电式传感器在智能家居中的具体应用有哪些？请列举几个例子。
9. 光电式传感器在安防系统中的应用是什么？举例说明。
10. 光电式传感器在医疗设备中的应用有哪些？请列举几个例子。

新型传感器及其应用

新型传感器是相对于传统传感器而言，随着技术的发展，于近年出现的一类传感器。新型传感器在智能化、多功能化、综合性、微型化、集成化、网络化等方面具有区别于传统传感器的明显特征。新型传感器检测信号的种类越来越丰富，检测功能越来越强大，检测精度越来越高，应用越来越广泛。

知识点

1）智能传感器的定义、特点、作用、现状与发展趋势。
2）模糊传感器的概念、基本功能、结构及应用。
3）微传感器的特点、工艺等。
4）网络传感器的概念、特点、应用等。

技能点

1）能解释新型传感器的结构、作用。
2）认识新型传感器涉及的主要技术。
3）认识并理解典型新型传感器的特性与应用。

模块学习目标

通过本模块的学习，掌握新型传感器（智能传感器、模糊传感器、微传感器与网络传感器）的概念、特点，了解其主要参数，学会正确选用新型传感器。

项目一　智能传感器

智能传感器是一种基于人工智能、信息处理技术且具有分析，判断，量程自动转换，漂移、非线性和频率响应等自动补偿，对环境影响量的自适应，自学习，超限报警以及故障诊断等功能的传感器。

与传统的传感器相比，智能传感器将传感器检测信息的功能与微处理器的信息处理功能有机地结合在一起，充分利用微处理器进行数据分析和处理，并能对内部工作过程进行调节和控制，从而具有一定的人工智能，弥补了传统传感器性能的不足，使采集的数据质量得以提高。

一、智能传感器基本结构

如图 9-1 所示，智能传感器主要由传感器、处理器（或计算机）及相关电路组成。传感器将被测的物理量转换成相应的电信号，送到信号接口电路中，进行滤波、放大、A/D 转换后，送到计算机中。计算机是智能传感器的核心，它不但可以对传感器测量数据进行计算、存储、数据处理，还可以通过反馈回路对传感器进行调节。由于计算机能充分发挥各种软件的功能，可以完成硬件难以完成的任务，从而降低了传感器制造的难度，提高了传感器的性能，降低了成本。

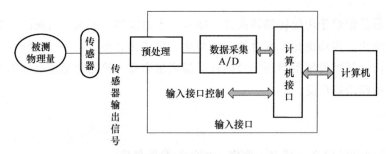

图 9-1　智能传感器的基本结构

二、智能传感器的特点

1）高度智能化。智能传感器内置微处理器和信号处理器，能够对采集的数据进行处理和分析，实现自动化控制和智能化决策。

2）多功能性。智能传感器可用于感知多种物理量和化学量，如温度、湿度、压力、发光强度、声音等，具有多种功能。

3）高精度。智能传感器采用先进的传感技术和信号处理技术，具有高精度、高稳定性和高可靠性。

4）可编程性。智能传感器可以通过编程实现不同的功能和应用，具有灵活性和可扩展性。

5）通信能力。智能传感器具有通信接口，可以与其他设备进行数据交互和控制。

6）低功耗。智能传感器采用低功耗技术，能够延长使用寿命，减少能源消耗。

7）小型化。智能传感器体积小，可直接集成在其他设备或系统中，提高系统集成度。

三、智能传感器的作用

智能传感器是一种集成了感知、处理和通信功能的设备，它能够感知周围环境的物理量或事件，并将这些信息转化为数字信号，通过内部的处理单元进行处理和分析，最终输出有用的数据或执行相应的控制操作。智能传感器的作用如下。

（1）监测和检测　智能传感器能够实时获取和检测环境中的各种物理量，如温度、湿度、压力、光照、声音等，并将其转化为数字信号。

（2）数据处理和分析　智能传感器内部集成了处理单元，可以对感知到的数据进行处理和分析。它可以执行复杂的算法，提取有用的信息，并进行数据压缩、滤波、特征提取等操作，以便更好地理解环境和事件。

（3）实时反馈和控制　基于智能传感器的数据处理和分析结果，可以实现实时反馈和控制。智能传感器可以根据环境变化或特定条件触发相应的控制操作，例如调整温度、控制照明、开关设备等。

（4）网络连接和通信　智能传感器通常具备通信能力，可以与其他设备或系统进行连接和通信。这使得它能够实现远程监控、数据传输、集中管理和互联互通等功能。

总之，智能传感器在实时监测、数据处理、实时反馈和控制等方面发挥着重要的作用，为各种应用场景提供了更智能、高效和便利的解决方案。

四、智能传感器的现状与发展趋势

当今世界，以信息技术为代表的新一轮科技革命方兴未艾，全球信息技术发展正处于跨界融合、加速创新、深度调整的历史时期，呈现万物互联、万物智能的特征。智能传感器是万物互联的基础。近年来，全球传感器市场一直保持快速增长，并受到许多下游新兴应用的新增需求拉动。智能传感器应用市场正呈现爆发式增长态势。

工业和信息化部 2017 年 11 月下发《智能传感器产业三年行动指南（2017—2019年）》，2017 年 12 月发布《促进新一代人工智能产业发展三年行动计划（2018—2020年）》，重点内容是培育八项智能产品和突破三项核心基础，智能传感器排在核心基础的第一位，处于最基础最重要的地位。自 2011 年工业和信息化部发布《物联网"十二五"发展规划》以来，智能传感器产业的发展步入快车道。据统计，2015 年智能传感器就已取代传统传感器成为市场主流（占 70%）。智能传感器的产业链包括研发、设计、制造、封装、测试、软件、芯片及解决方案、系统与应用八个环节，产业链长，各环节的技术壁垒高。

智能传感器的发展方向包括以下三方面。

1）在工艺上，通过微机电系统（MEMS）工艺和集成电路（IC）平面工艺的融合，将微处理器和微传感器集成。依靠软件技术，大大提高传感器的准确性、稳定性和可靠性。

2）在技术上，采用硬件软化、软件集成、虚拟现实、软测量和人工智能技术，开发具有拟人智能特性或功能的智能化传感器。

3）在性能与功能上，向高精度、高可靠性、宽温度范围、微型化、微功耗及无源化、网络化、具有故障探测（包括自主入侵报警）和预报功能等方向发展。

智能传感器的重点下游应用领域分别是消费电子、汽车电子、工业电子和医疗电子，其相应的市场占有率依次递减。综合市场规模以及增长速度两方面考虑，发展较快的新兴应用（如指纹识别、智能驾驶、智能机器人和智能医疗器械）将成为智能传感器市场成长的主要动力。

智能传感器是技术演进的结果，满足了万物互联对感知层提出的要求，预计将随着智能消费电子设备、工业物联网、车联网与自动驾驶、智慧城市、智能医疗等新产业的发展迎来快速增长。

五、智能传感器的应用

智能传感器广泛应用于多个领域，包括工业自动化、机器人、智慧农业、智能家居和医疗健康等。

（1）在工业自动化中的应用　在现代工业生产尤其是自动化生产过程中，智能传感器能够监视和控制生产过程中的各个参数，使设备工作在正常状态或最佳状态，并使产品达到最好的质量。

（2）在机器人中的应用　如今的机器人已具有类似人一样的肢体及感官功能，有一定程度的智能，动作程序灵活，在工作时可以不依赖人的操纵，而这一切都少不了智能传感器的功劳。智能传感器是机器人感知外界的重要的装置。

（3）在智慧农业中的运用　由于环境的特殊性，农业项目大多都在田间进行，校正操作非常不方便，人工成本也非常高，因此智能农业对传感器数据稳定性的要求非常高。智能传感器是最有效的一类传感器。

（4）智慧医疗中的应用　随着智能传感器的发展，医学智能传感器作为拾取生命体征信息的五官，它的作用日益显著，并得到广泛应用。例如，在图像处理，临床化学检验，生命体征参数的监护监测，呼吸、神经、心血管疾病的诊断与治疗等方面，智能传感器的作用不可替代。

（5）在智能家居中的应用　智能家居已成为很多家庭的必备产品，未来智能传感器将应用在更多的家电中，如电视、风扇、空调、洗衣机、晾衣机、冰箱、衣柜等。智能传感器是实现人与家电交流的基本器件，也是构成家居物联网的基础。

项目二　模糊传感器

模糊传感器是在传统数据检测的基础上，经过模糊推理和知识合成，以模拟人类自然语言符号描述的形式输出测量结果的一类智能传感器。传统数据检测一般只能输出具体的数值结果，而模糊传感器则在此基础上，通过模糊推理和知识合成，将测量结果以模糊集合的形式输出，更符合人类的思维方式和语言表达方式。

将被测量值范围划分为若干个区间，利用模糊集理论判断被测量值的区间，并用区间中值或相应符号进行表示，这一过程称为模糊化。在对多参数进行综合评价测试时，需要将多个被测量值的相应符号进行组合模糊判断，最终得出测量结果。信息的符号表示与符号信息系统是研究模糊传感器的核心与基石。

模糊传感器的核心部分是模拟人类自然语言符号的产生及处理。模糊传感器需要建立一套模糊规则库，其中包含各种模糊逻辑规则和知识库，通过对传感器采集的数据进行模糊化处理，再进行模糊逻辑推理，最终得到模糊输出结果。

模糊传感器的"智能"之处在于：它可以模拟人类感知的全过程，包括感知、处理、推理和输出等环节。模糊传感器不仅能够感知环境中的物理量或化学量，还能够通过模糊推理和知识合成，对这些数据进行处理和分析，实现智能化控制和决策。

一、模糊传感器的组成

模糊传感器由硬件和软件两部分构成。

模糊传感器的硬件包括以下几部分。

1）模糊控制器。用于对传感器采集到的信息进行模糊化处理，将信息转化为模糊集合，以便进行模糊逻辑推理。

2）传感器元件。用于感知环境中的物理量或化学量，如温度、湿度、压力、发光强度、声音等。

3）模糊逻辑推理器。根据模糊控制器输出的模糊集合和模糊规则库，进行模糊逻辑推理，得到模糊输出。

4）模糊输出处理器。对模糊逻辑推理器输出的模糊输出进行去模糊处理，得到具体的数值输出。

5）通信接口。用于与外部设备进行数据交互，如 UART、SPI、I^2C 等接口。

6）电源管理。为传感器提供电源，并对电源进行管理和保护，以确保传感器正常工作。

7）外壳和连接器。用于保护传感器内部电路和元件，并提供与外部环境的连接方式，如插头、插座、引脚等。

软件部分包括模糊规则库、知识库、模糊化处理算法、模糊逻辑推理算法、去模糊化处理算法等。硬件和软件组成部分相互协作，构成一个完整的模糊传感器系统。

二、模糊传感器应用实例

1. 温度控制系统

模糊传感器可以用于温度控制系统中，通过采集环境温度数据并进行模糊化处理和模糊逻辑推理，根据温度变化趋势和设定的模糊规则库，控制加热器或制冷器的开关，实现精准的温度控制。

2. 智能交通系统

模糊传感器可以应用于智能交通系统中，通过采集路况数据、车辆速度、车辆密度等信息，并进行模糊化处理和模糊逻辑推理，根据设定的模糊规则库，实现智能化的交通信号控制，提高道路通行效率和安全性。

3. 工业自动化控制

模糊传感器可以应用于工业自动化控制中，通过采集生产环境中的各种物理量和化学量数据，并进行模糊化处理和模糊逻辑推理，根据设定的模糊规则库，实现自动化控制，提高生产率和质量。

4. 智能家居系统

模糊传感器可以应用于智能家居系统中，通过采集环境中的温度、湿度、光照强度等数据，并进行模糊化处理和模糊逻辑推理，根据设定的模糊规则库，实现智能化的家居控制，提高生活质量和舒适度。

5. 医疗诊断系统

模糊传感器可以应用于医疗诊断系统中，通过采集患者的生理数据，并进行模糊化处理和模糊逻辑推理，根据设定的模糊规则库，实现智能化的疾病诊断和治疗，提高医疗效率和准确性。

项目三　微传感器

MEMS（微机电械系统，Micro-Electro-Mechanical System）是一种结合了机械和电子功

能的微型系统，通常在硅基材料上制造。MEMS 技术广泛应用于各种领域，包括汽车、医疗、消费电子和通信等。微传感器是 MEMS 的一部分，专门用于感测物理、化学或生物信号（如温度、压力、加速度等），并将这些信号转换为电信号。本节以 MEMS 为主，来介绍微传感器关键技术。

一、微传感器介绍

完整的 MEMS 是由微传感器、微执行器、信号处理和控制电路、通信接口和电源等组成的一体化微型器件系统。其目标是把信息的获取、处理和执行集成在一起，组成多功能的微型系统，嵌入大尺寸系统中，从而大幅度地提高系统的自动化、智能化和可靠性水平。

MEMS 的突出特点是微型化，涉及电子、机械、材料、制造、控制、物理、化学、生物等多学科技术，其中大量应用的各种材料的特性和加工制作方法在微米或纳米尺度下具有特殊性。

微传感器的优良性能和优越的性价比使其在国防、汽车、航空航天、分析化学、生物、医疗、智能手机、可穿戴设备等方面得到广泛应用，将取代传统的传感器而占有很大的市场份额。

微传感器产业作为国际竞争战略的重要标志性产业，以其技术含量高、市场前景广阔等特点备受世界各国的关注。

微传感器的应用非常广泛，以下是一些常见的微传感器应用。

（1）无人机　随着无人机的应用越来越广泛，微传感器的作用变得越来越重要。无人机需要大量的传感器来采集各种数据，包括气温、风速、湿度、空气压力、三维位置等。这些数据将被送回地面控制中心，用于指导飞行员进行操作。微传感器的小尺寸和高灵敏度可以大大提高无人机的飞行效率和安全性。

（2）智能家居　智能家居要实现自动化、智能化，需要无数传感器来获取房间的各种数据，比如光线、温度、湿度等。微传感器可以连接到智能家居系统，并通过智能化控制系统对家居设备进行控制，如控制室内温度、灯光和监视室内状况等。

（3）智能医疗　微传感器还被广泛应用于智能医疗领域，可以帮助医生监测病人的健康状况，包括心率、血压、血氧饱和度、体温等各种参数。除此之外，微传感器还可以帮助医生诊断病情、选择治疗方案，为病人提供更好的医疗服务。

（4）智能牧场　微传感器还可以被应用于智能农业领域，如智能牧场。微传感器可以被安装在畜舍内，监测温度、湿度、二氧化碳浓度等参数。微传感器还可以监测每头牛的食量、饮水量、身体重量等信息，帮助农民及时了解牲畜健康状况。

二、MEMS 芯片测控系统的结构

MEMS 芯片测控系统的结构包括以下几个部分。

1）传感器。用于将物理量转换成电信号，包括加速度传感器、压力传感器、温度传感器等。

2）处理器。用于处理传感器采集到的数据，并进行算法分析和数据处理，提取有用的信息。

3）存储器。用于存储处理器处理后的数据，包括 RAM、ROM、FLASH 等。

4）通信模块。用于将处理器处理后的数据通过无线或有线方式传输到上位机或其他设备，包括蓝牙、Wi-Fi、GPRS等。

5）电源模块。为传感器、处理器、通信模块等提供电能，包括电池、太阳能电池板、电源适配器等。

6）外壳。用于将传感器、处理器、存储器、通信模块、电源模块等组装在一起，并保护系统免受外界干扰和损坏。

MEMS芯片测控系统的结构可以根据不同应用场景的需求进行调整和优化，例如在医疗领域中，需要考虑系统的小型化和低功耗；在工业自动化领域中，需要考虑系统的稳定性和可靠性等。

三、微传感器制造中的四种主流技术

1. 晶圆加工技术

晶圆加工技术是利用类似集成电路制造的工艺流程，将MEMS器件制造集成到晶圆制造过程中，主要包括薄膜沉积、光刻、蚀刻、离子注入等步骤。

2. LIGA技术

LIGA技术是利用X射线或紫外线光刻技术制造高精度的微细加工模具，然后通过电解加工在金属膜上制造微细结构。该技术主要用于制造高精度的微机电系统。

3. 3D打印技术

3D打印技术采用逐层堆积的方式，将MEMS器件的微细结构逐层打印出来。该技术可以制造复杂形状的MEMS器件，并且可以快速定制。

4. 压电陶瓷技术

压电陶瓷技术利用压电材料的特性，在陶瓷基板上制造微细压电器件。该技术主要用于制造微型加速度计、陀螺仪等器件。

这些制造技术各有优缺点，可以根据不同的应用场景和要求进行选择和优化。

四、微传感器的特点

（1）小型化　微传感器的尺寸通常在毫米或亚毫米级别，体积小，重量轻，可以实现集成化和便携化。

（2）高精度　微传感器采用微细加工技术制造，可以制造出高精度的微米或纳米级别的结构和器件，具有高灵敏度和高分辨力。

（3）多功能性　微传感器可以实现多种物理量的测量，如温度、压力、加速度、湿度、发光强度等，同时还可以实现多参数的同时测量。

（4）低功耗　微传感器具有低功耗的特点，可以采用微电子学制造技术和低功耗电路设计，以延长传感器的使用寿命。

（5）可靠性高　微传感器采用微细加工技术制造，具有高度的一致性和可重复性，同时可以采用先进的封装技术和防护措施，提高传感器的可靠性和稳定性。

（6）自诊断功能　微传感器可以通过集成自诊断功能实现对传感器本身状态的监测和故障诊断，提高传感器的可靠性和智能化水平。

五、微传感器的发展现状

国外 MEMS 技术的发展已经有 30 余年的历史，形成了 3 种类型的生产规模：大型企业年产 100 万只以上；中等规模年产 1 万～100 万只；一些研究所年产 1 万只以下。美国人在 2cm×2cm×0.15cm 的体积内，制造了由 3 个陀螺仪和 3 个加速度计组成的微型惯性导航系统。该系统的质量为 5g，体积与小型惯性导航系统相比大为减小。

2017 年，瑞士苏黎世联邦理工学院（ETH）开发出一款用于测量温度的可进行生物降解的微型生物传感器——"食联网"。这种传感器的厚度只有 16μm，比人类头发丝的直径（100μm）还要小许多，且只有几毫米的长度，总质量不超过 1mg。

近年来，国内 MEMS 工艺和新型传感器的研究不断深入和扩展，成功开发并形成产品的有压力传感器、加速度传感器、微型陀螺仪以及各种微执行器、微电极、微流量计、军用微传感器。但是国内工艺设备大部分依靠进口，投资和运行成本比较高。

作为微传感器的最新发展方向之一，纳米传感器正在兴起（1nm 相当于一根头发丝直径的 10 万分之一）。据推测，人类社会即将进入"后硅器时代"，纳米传感器将成为主流。

项目四　网络传感器

一、网络传感器介绍

网络传感器是指传感器在现场级实现网络协议，使现场测控数据就近登录网络，在网络覆盖范围内实时发布和共享。简单地说，网络传感器就是能与网络连接或通过网络使其与微处理器、计算机或仪器系统连接的传感器。网络传感器的开发使测控系统主动进行信息处理以及远距离实时在线测量成为可能。在国内，网络传感器的开发处于起步阶段，并将成为今后研究的热点，尤其是基于窄带物联网（Narrow Band Internet of Things，NB-IoT）的网络传感器。NB-IoT 建于蜂窝网络之上，占用大约 180kHz 带宽，可直接部署于现有 GSM 网络、UMTS 网络或 LTE 网络中，以降低部署成本，实现平滑升级，已成为万物互联网络的一个重要分支，正在开启一个前所未有的广阔市场。网络传感器的基本结构如图 9-2 所示。

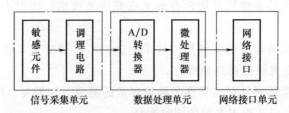

信号采集单元　　　　　数据处理单元　　　网络接口单元

图 9-2　网络传感器的基本结构

网络传感器是一种基于传感器网络技术的传感器系统，它具有以下特点。

1）分布式。网络传感器由大量分布在空间中的传感器节点组成，每个节点都可以独立地采集、处理和传输信息。

2）自组织。网络传感器节点可以通过自组织的方式协同工作，形成自适应的网络拓扑结构，提高系统的可靠性和稳定性。

3）大规模。网络传感器可以组成大规模的传感器网络，覆盖广泛的区域，实现对大范围、多参数的环境信息的实时监测。

4）高可靠性。网络传感器节点可以通过冗余设计、自适应路由等技术来提高系统的可靠性和稳定性，同时还可以通过数据融合、信息互联等技术来提高数据的准确性和完整性。

5）应用广泛。网络传感器应用于众多领域，如环境监测、智能交通、智能家居、工业自动化等，可以实现对环境信息的实时、准确、全面的监测和控制，具有很高的应用价值和发展前景。

二、网络传感器的应用

网络传感器的应用非常广泛，可以帮助用户实时了解和控制物理世界的各种参数，提高生活质量和工作效率。随着物联网技术的发展，网络传感器的应用前景将更加广阔。它的主要方向包括分布式测控和嵌入式网络。

（1）分布式测控　分布式测控是指将网络传感器布置在测控现场，并使其处于控制网络中的最低级，采集到的信息传输到控制网络中的分布智能节点，并由它处理，然后将传感器数据散发到网络中，最后网络中其他节点利用信息做出适当的决策，如操作执行器、执行算法。

（2）嵌入式网络　如果能够将嵌入式系统连接到因特网上，可方便、低廉地将信息传送到任何需要的地方。嵌入式网络的主要优点是不需要专用的通信线路，速度快，协议是公开的，适用于任何一种 WEB 浏览器，信息反映的形式是多样化的。

分布式测控和嵌入式网络都是网络传感器发展的主要方向，它们在不同的应用场景中发挥着重要作用，为实时监测、远程控制和数据传输提供了有效的解决方案。

网络传感器具有广泛的应用场景，常用于各种领域的信息采集、处理和控制。常见的网络传感器应用实例如下：

1）环境监测。网络传感器可以用于空气质量、水质、土壤质量、噪声等环境参数的实时监测，帮助人们了解和控制环境污染。

2）智能交通。网络传感器可以用于交通流量、道路状态、车辆位置等信息的实时监测和处理，帮助人们优化交通流量和路况，保障交通安全。

3）智能家居。网络传感器可以用于家庭安防、能源管理、智能家电等方面，实现对家庭环境的实时监测和控制，提高生活质量和节能减排。

4）工业自动化。网络传感器可以用于工业过程监测、设备状态监测等方面，帮助人们实现工业自动化、提高生产率和产品质量。

5）农业物联网。网络传感器可以用于农作物生长环境的实时监测和控制，帮助人们优化农业生产，提高农作物产量和质量。

6）健康监测。网络传感器可以用于人体生理参数的实时监测，如心率、血压、血糖等，帮助人们实现健康管理和疾病预防。

素养提升

新型传感器的使用场景丰富，具体案例如下。

案例一：新型传感器可以实时监测环境中的污染物浓度和空气质量等指标，为环境保护提供重要数据支持。通过新型传感器的应用，人们可以更好地了解环境问题，并采取相应的防护措施。

案例二：新型传感器可以实时监测人体健康指标，如心率、血压等，为医疗健康领域提供重要的数据支持。通过新型传感器的应用，人们可以更好地掌握自身健康状况，及时采取相应的治疗和预防措施。

通过上述案例，加强对科技创新与社会发展、环境保护、人类健康等方面的关系的思考，增强创新精神和社会责任感，提升综合素养。

复习与训练

1. 简述智能传感器的定义。
2. 智能传感器的主要功能包括哪些？
3. 与传统传感器相比，智能传感器具有哪些特点？
4. 模糊传感器的工作原理是什么？
5. 微机电系统的基本结构包括哪些？
6. 网络传感器的应用主要面向的是哪两个大方向？

模块十

转速传感器及其应用

速度是运动空间中最基本的物理量，正确地测量速度对工农业生产和国防科技自动化有着极其重要的意义。随着科学技术的不断进步，各行各业自动化水平的不断提高，从军事到民用，速度的测量都越来越重要。为此，人们研究出了各种各样的用于速度测量的传感器，即速度传感器。速度传感器用途十分广泛，遍及日常生活、自动化工业生产和科学实验的各个领域。

知识点

1）转速测量及其实现方案。
2）霍尔效应及霍尔式转速传感器的工作原理、应用。
3）光电式转速传感器的工作原理、应用以及使用注意事项。
4）磁电式转速传感器的工作原理、应用及使用注意事项。

技能点

1）能够根据实际应用场景选择合适的转速传感器。
2）能够正确使用转速传感器进行测量。
3）能够了解各类型转速传感器的应用。

模块学习目标

通过本模块的学习，能够在实际应用场景中，根据不同的需求和环境，选择最合适的转速传感器。其次，能够正确使用转速传感器进行测量，确保测量结果的准确性和可靠性，以获得精准的测量数据。最后，能够应用各类型转速传感器，为用户提供多样化的解决方案，满足不同行业和领域的需求。

一、转速测量

速度分为线速度和角速度。角速度通常用转速表示。转速测量中主要考虑五个问题。

1. 被测物体运动的速度范围（测速范围）

测速范围包括超低速（0.10 ~ 2.00r/min）、低速（0.5 ~ 500r/min）、中高速（20 ~ 20000r/min）、高速（500 ~ 200000r/min）、超高速（500 ~ 600000r/min）、全速（0.10 ~ 600000r/min）。

测速范围作为基本参数，直接关系到传感器及测量电路的选择。例如，20 ~ 20000r/min

这一测速范围涵盖了低速、中高速，满足这一测速范围的传感器比较多；如果被测物体运动的速度在 20r/min 以下，甚至在 0.1r/min 以下，需要选用专用的转速传感器。

2. 被测物体可测点的几何形状

被测物体可测点的几何形状及环境条件，往往是传感器和系统设计的最大制约因素，也直接关系到传感器的选择及安装等问题。在实际应用中，要考虑被测轴的实际情况，如是否为光轴，是否有孔、槽、销、叶片等结构，以及是否有传动齿轮、传动带等。

3. 环境条件

被测点环境关系到传感器的选择及电路的耐受特性。例如，若被测环境有强磁场，则要慎选霍尔式传感器、磁电式传感器等磁传感器；若被测现场有化学污染，则要考虑传感器及电路的封装问题等。

4. 数据记录

动态测量和静态测量关系到测量方法和瞬时转速。一般来说，静态测量的采样时间为 0.5~2s，超低转速时，可延时到 60s；动态测量的采样时间小于 0.1s，高速采样时，要求采样时间不超过 0.01s。

5. 误差、响应时间、输出控制形式

在线测量有时作为观测手段，只需要显示；有时作为反馈，用于系统调节，或用于报警控制。误差、响应时间、输出控制形式直接关系到能否达到测量目的。

二、转速测量的实现方案

根据传感器的安装方式不同，转速测量可分为接触式测量和非接触式测量；根据所选的传感器不同，可分为霍尔式传感器、光电式传感器、磁电式传感器等测量方式。在选择转速传感器时，应考虑测量环境、测速范围、系统功耗、价格、可靠性等多方面的因素。

项目一　霍尔式传感器在转速测量中的应用

霍尔式转速传感器的基本原理是霍尔效应，当前在工业生产中的应用特别广泛，如电力、汽车、航空、纺织和石化等领域都采用霍尔式转速传感器来测量和监控机械设备的转速状态，并以此来实现自动化管理与控制。

一、霍尔元件的工作原理

1. 霍尔效应

如图 10-1 所示，在金属或半导体薄片两端通以控制电流 I，并在垂直薄片的方向上施加磁感应强度为 B 的匀强磁场，则在垂直于电流和磁场的方向上，将产生电动势 E，这种现象称为霍尔效应。该电动势称为霍尔电动势，该金属或半导体薄片称为霍尔元件。

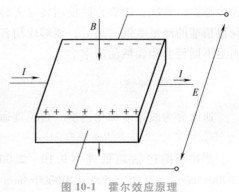

图 10-1　霍尔效应原理

通过霍尔元件的电流 I 越大、作用在霍尔元件上的磁场强度 B 越强，霍尔电动势也就越高。霍尔电动势 E 可表示为

$$E = KIB$$

式中 K——霍尔元件的灵敏度。

若磁感应强度 B 不垂直于霍尔元件，而是与霍尔元件的垂直方向成某一角度 θ，实际上作用于霍尔元件上的有效磁感应强度是 B 在霍尔元件的垂直方向上的分量，即 $B\cos\theta$，这时的霍尔电动势为

$$E = KIB\cos\theta$$

霍尔电动势与输入电流 I、磁感应强度 B 成正比，且当 B 的方向改变时，霍尔电动势的方向也随之改变。如果所施加的磁场为交变磁场，则霍尔电动势为同频率的交变电动势。目前常用霍尔元件的材料是 N 型硅，霍尔元件的壳体可用塑料、环氧树脂等制造。

霍尔电动势是关于 I、B、θ 的函数，根据变量个数的不同，该函数有以下三种形式。

1) 维持 I、θ 不变，则 $E = f(B)$，这方面的应用有测量磁场强度的高斯计、测量转速的霍尔转速表、磁性产品计数器、霍尔角编码器以及基于微小位移测量原理的霍尔加速度计、微压力计等。

2) 维持 I、B 不变，则 $E = f(\theta)$，这方面的应用有角位移测量仪等。

3) 维持 θ 不变，则 $E = f(IB)$，即传感器的输出 E 与 I、B 的乘积成正比，这方面的应用有模拟乘法器、霍尔功率计、电能表等。

2. 霍尔元件的特点

霍尔元件具有对磁场敏感、结构简单、体积小、频率响应宽、输出电压变化大和使用寿命长等优点，因此在测量、自动化、计算机和信息技术等领域得到了广泛的应用。由于霍尔元件产生的电势差很小，故通常将霍尔元件与运算放大电路、温度补偿电路及稳压电源电路等集成在一个芯片上，称之为霍尔式传感器。霍尔式传感器广泛应用于工业自动化技术、检测技术及信息处理等方面。

二、霍尔式转速传感器的工作原理

霍尔式转速传感器如图 10-2 所示，它的工作原理是霍尔效应，即将一个霍尔元件置于一个永磁体旋转的磁场中，当旋转体上的磁极靠近霍尔元件时，磁场密度增大，从而产生一个电压信号；当旋转体继续旋转时，磁场密度减小，电压信号也随之减小。因此，可以通过测量电压信号的频率和振幅来计算被测物体的转速。

霍尔式转速传感器可以通过安装不同的齿轮或编码盘来适应不同的测量范围和精度要求。在信号处理方面，霍尔式转速传感器通常采用运算放大电路进行信号放大和滤波，以便于后续的数据采集和处理。

图 10-2 霍尔式转速传感器

霍尔式转速传感器常见的结构形式如图 10-3 所示。

三、霍尔式转速传感器的应用

霍尔式转速传感器的优点是结构简单、体积小、重量轻、响应速度快、测量精度高、可以直接输出数字信号，适用于高速、高温、高压、强腐蚀等环境下的转速测量。它广泛应用于机械、汽车、航空航天、电力等领域，如发动机、风机、泵、机械加工设备等转速的测量

和控制。同时，由于霍尔式转速传感器的输出信号是数字信号，因此可以方便地与数字信号处理器、计算机相连，实现数字化处理和远程监控。

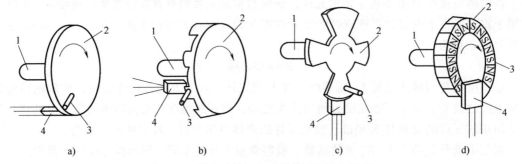

a)　　　　　　　b)　　　　　　　c)　　　　　　　d)

图 10-3　霍尔式转速传感器常见的结构形式

1—输入轴　2—转盘　3—小磁铁　4—霍尔式传感器

1. 车辆行驶里程数的测量

霍尔式转速传感器在汽车行驶里程的测量中有广泛应用。它通常安装在发动机的凸轮轴或曲轴上，通过测量发动机转速来确定车辆行驶的里程数。霍尔式转速传感器具有精度高、可靠性高、响应快等特点，能够精确地测量发动机的转速并输出脉冲信号。这些脉冲信号被传递到车辆 ECU 系统中进行处理，从而实现精确的行驶里程计算。除了行驶里程计算之外，霍尔式转速传感器还广泛用于测量车辆的行驶速度、加速度等参数，为汽车电控系统的控制和调整提供准确的数据支持。

出租车计价器的结构框图如图 10-4 所示。使用时，把霍尔式转速传感器安装在变速器输出轴上。按下"开始"按钮，当汽车行走时，霍尔式转速传感器把变速器输出轴的转速信号传送至单片机，通过计算机编程，可使单片机根据变速器输出轴与车轮轮轴的传动比和轮胎的周长，自动计算出汽车的行驶里程和乘车费用，并传送至显示器进行显示。到达目的地后按下"结束"按钮，即可将乘车里程数和缴费数打印出来，实现乘车里程和缴费的自动结算。

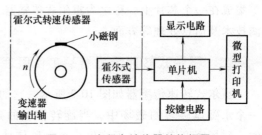

图 10-4　出租车计价器结构框图

2. 电动机智能转速监测系统

传统的电动机转速测量一般采用机械式或模拟量系统，其体积大，成本高，精度低。单片机的出现极大地推动了电子工业的发展，已成为电子系统设计中最为普遍的控制核心。转速测量普遍以单片机为核心，代替了一般的机械式或模拟量结构，具有体积小、重量轻、价格便宜、功耗低、控制功能强及运算速度快等特点。由低功耗单片机 MSP430 作为主控制器，来实现电动机转速测量及多种附加功能，不仅可以测量转速，而且可以统计机器运行的累计时间，监测电动机的运行状态，当电动机超速时，还可发出报警信号。

如图 10-5 所示，智能转速监测系统主要由霍尔式转速传感器、信号调理电路、单片机 MSP430F169 、LED 显示电路、键盘电路和报警信号输出电路等组成。霍尔式转速传感器将电动机的转速信号转变为电脉冲信号，经过放大、整形和隔离后，经外部中断输入单片机进行脉冲计数，并用定时/计数器定时，然后进行相关的计算，输出数据，实现转速的显示，并根据相应的设定判断电动机的转速是否正常。如果出现异常，则触发报警。

如图 10-6 所示，该系统选用 3013 型号霍尔式开关传感器，它是一种硅单片集成电路，器件的内部含有稳压电路、霍尔电动势发生器、放大器、施密特触发器和集电极开路输出电路，具有工作电压范围宽、可靠性高、外电路简单等特点。其触发距离为 8mm，工作电源电压为 DC4.5~24V，这里选择 5V 供电电压，脉冲信号通过 OC 输出到光电耦合器进行隔离和变换。

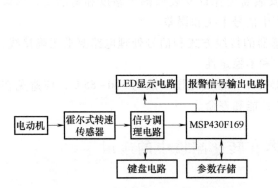

图 10-5　智能转速监测系统总体框图

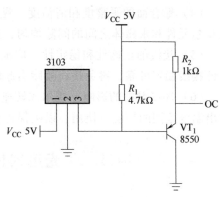

图 10-6　霍尔式转速传感器信号采集电路

该系统在 Y80M2-4 型异步电动机上试验，该电动机要求的供电电压为 380V，频率为 50Hz。电动机功率为 0.75kW，星形联结的同步转速为 1390r/min，三角形联结的同步转速为 1440r/min。采用电动机专用测速仪 A380 采集标准转速，通过不同转速得到的测试数据见表 10-1。

表 10-1　不同转速下采集到的转速数据

测量序号	实际转速/(r/min)	测量转速/(r/min)				平均误差(%)
		1	2	3	4	
1	500	500	499	500	500	0.05
2	700	701	699	700	698	0.07
3	900	898	900	899	902	0.03
4	1000	997	1000	999	1001	0.07
5	1200	1197	1198	1202	1200	0.06
6	1390	1386	1389	1388	1391	0.1
7	1440	1437	1438	1439	1440	0.1

从测试数据可以看出，在不同的转速下测量的误差保持在 0.1% 以下，实际脉冲计数存在绝对误差，并且随着转速的提高误差略有上升，电动机转速监控的功能试验正常，如果超过设定的速度范围，蜂鸣器工作。为了更准确地反映电动机的运行速度，可以设置适当的速度报警上、下限，增加继电器驱动电路，使超过速度范围时能够停机保护。

四、使用注意事项

霍尔式转速传感器的安装方式可以根据不同的应用场合和被测物体的旋转方向来选择，

常见的安装方式有贴面式、法兰式、半嵌式等。在安装时需要注意以下事项。

（1）安装位置的选择　应选择固定、牢靠、易于检修和维护的位置，保证传感器测量的信号稳定、准确。

（2）安装距离的确定　应根据传感器的测量范围和被测物体的尺寸来确定传感器与被测物体之间的安装距离。

（3）安装方向的确定　应根据被测物体的旋转方向和传感器的安装方式来确定传感器的安装方向。

（4）贴合面的平整度和清洁度　贴面式安装需要保证安装面的平整度和清洁度，以确保霍尔元件和永磁体之间的间隙均匀，避免产生信号干扰和误差。

（5）接线的正确性和稳定性　应根据传感器的接线方式和信号处理电路要求正确接线，保证接线稳定可靠，避免接线故障引起的误差和不稳定性。

（6）环境温度的影响　霍尔式转速传感器的工作温度范围一般为$-40 \sim 85℃$，应避免在超出温度范围的环境下使用，以确保传感器的性能和寿命。

项目二　光电式传感器在转速测量中的应用

一、光电检测的工作原理

光电检测可测参数多，利用该原理的传感器结构简单，形式灵活多样，在检测和控制中应用非常广泛。光电式传感器是各种光电检测系统中实现光电转换的关键器件，是把光信号（红外线、可见光及紫外线辐射）转变成电信号的器件。一般情况下，光电式传感器由三部分构成，分别为发射器、接收器和检测电路。光电检测的流程为：

1）通过发射器向目标物发射一束红外线，形成一束圆锥或方锥形的红外线光束，投射到目标物表面。

2）照射到目标物表面的光束，一部分会被目标物吸收，一部分会被目标物的表面反射回来，形成一束散射的光。

3）当反射的光束到达接收器时，接收器将信号转换成电信号，并发送到信号处理器，用于分析和处理。

4）信号处理器进行信号的分析和处理，根据分析的结果输出具体的信号，这个信号可以反映目标的情况，例如是否达到某个报警水平等。

光电检测的工作原理如图 10-7 所示。

在工作过程中，发射器对准目标发射光束，发射的光束一般来源于半导体光源，如发光二极管、激光二极管及红外发射二

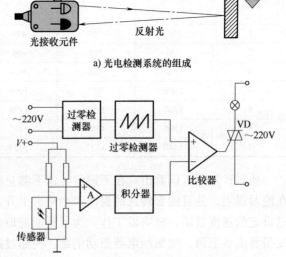

a）光电检测系统的组成

b）环境光照检测系统的控制电路

图 10-7　光电检测的工作原理

极管等发光器件。光束可以不间断地发射，或者改变脉冲宽度。接收器由光电二极管、光电晶体管、光电池等光电器件组成。在接收器的前面，装有光学元件，如透镜和光圈等。接收器的后面是检测电路，它能滤出有效信号并应用该信号。此外，光电开关的结构元件中还有发射板和光导纤维。

二、光电式转速传感器的工作原理

常见的光电式转速传感器有直射式和反射式两种。图 10-8a 所示为直射式光电式转速传感器，它把发光元件和光电器件相对地安装在调制盘的两侧，并使发光元件和光电器件的光轴重合，以保证发光元件发出的光能被光电器件正确地接收到。图 10-8b 所示为反射式光电式转速传感器，它的调制盘是粘贴在转轴上的黑白相间条纹。当发光元件发射的光照射到白色条纹上时，光就会被反射回来，照射到光电器件上；而照射到黑色条纹上时，光不会被反射，光电器件就接收不到光。

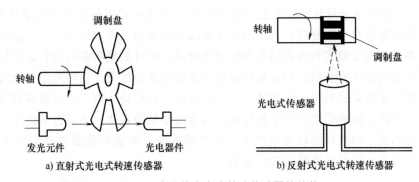

a) 直射式光电式转速传感器　　b) 反射式光电式转速传感器

图 10-8　常见的光电式转速传感器的结构

三、光电式转速传感器的应用

光电式转速传感器的外形如图 10-9 所示。在使用光电式转速传感器的过程中，一般在电动机的旋转轴上涂上黑、白两种颜色。旋转轴转动时，反射光与不反射光交替出现，光电式传感器相应地间断接收光的反射信号，并输出间断的电信号，再经放大器及整形电路放大整形后输出方波信号，最后由电子数字显示器输出电动机的转速。

1. 用光电式转速传感器检测柴油机转速

电控柴油机中，转速不仅仅是发动机的一个简单的工作参数，而且是计算电子控制系统参数的依据和控制喷油正时的基准。转速信号是通过转速传感器测量得到的，如果传感器不能稳定地工作，电控系统也就无法控制发动机正常工作。所以，传感器的性能直

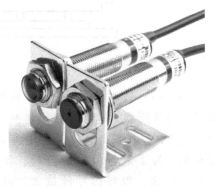

图 10-9　光电式转速传感器的外形

接关系到电控系统的性能。转速传感器的类型很多，因光电式传感器具有线性度好、分辨力高、噪声小和精度高等优点，可选择光电式转速传感器来进行转速的检测。

（1）转速信号盘　转速信号盘一般可用钢板制成，其结构如图 10-10 所示。这个转速信

号盘是做发动机实验时所用的转速信号盘，盘上共有 6 个齿，包括 1 个 40° 的宽齿（作为喷油正时基准信号）和 5 个 20° 的窄齿；围绕盘中心有 4 个孔（相隔 90°），两个大孔直径为 21mm，两个小孔直径为 10.6mm，盘中心还有一个直径为 52mm 的中心孔。把宽齿左侧边与盘中心连线对应的大孔作为特殊孔，它和其他几个孔主要用于在发动机上定位。用双速电动机代替发动机，将转速信号盘与电动机安装在一起，使其随电动机转动；传感器固定在支架上，垂直于转速信号盘。当转速信号盘旋转时，光电式传感器就输出矩形脉冲信号，每 6 个矩形脉冲信号对应发动机 1 个工作循环，其中的两个宽脉冲信号配合上止点信号可精确确定上止点的位置。

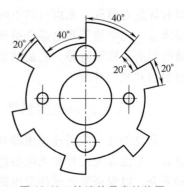

图 10-10　转速信号盘结构图

（2）检测装置的安装　检测装置按照发动机上传感器的实际安装位置进行安装。如图 10-11 所示，将转速信号盘固定在电动机转轴上，光电式转速传感器正对着转速信号盘。光电式转速传感器接有 4 根导线，其中黑线和黄线为电源输入线，红线为信号输出线，白线为接地线。测量头由光电式转速传感器和控制器组成，而且测量头两端与转速信号盘的距离相等。将测量用的器件封装后，固定装在贴近转速信号盘的位置，当转速信号盘转动时，光电器件即可输出正负交替的周期性脉冲信号。转速信号盘旋转一周产生的脉冲数等于转速信号盘的齿数。因此，脉冲信号的频率就反映了转速信号盘的转速。该装置的优点是输出信号的幅值与转速无关，而且可测转速范围大，且精确度高。如果将此装置外接放大、A/D 转换和数字显示单元，则可成为数字式转速表。

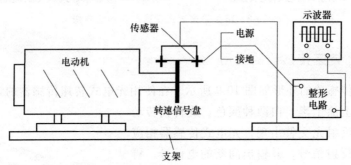

图 10-11　转速测试示意图

（3）信号处理电路的选用　被测物理量经过传感器处理后，往往转换为电阻、电流、电压、电感等某种电参数的变化值。为了进行信号的分析、处理、显示和记录，须对信号做放大、运算、分析等处理。若选用型号为 H42B6 的光电式转速传感器，它的信号处理电路如图 10-12 所示。

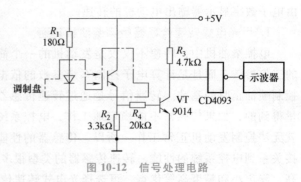

图 10-12　信号处理电路

其中，R_1、R_4 起限流作用，R_2 起分流作用，R_3 为输出电阻，CD4093 是施密特触发器。当调制盘上的梯形孔旋转至与光电开关的透光位置重合时，触发器输出高电平；当透光孔被遮住时，触发器输出低电平。

（4）转速的测量　转速的测量采用频率测量法，其测量原理为在固定的测量时间内，计取转速传感器产生的脉冲个数（即频率），从而算出实际转速。设固定的测量时间 T_c（min），计数器计取的脉冲个数为 m_1，假定脉冲发生器每转输出 P 个脉冲，对应被测转速为 N（r/min），则频率 $f = PN/60$；则在测量时间 T_c 内，计取转速传感器输出的脉冲个数 $m_1 = T_c f$。所以，测得 m_1 值，就可算出实际转速值，即 $N = 60m_1/(PT_c)$。

（5）测试结果　先使三相异步电动机的转速为 1420r/min，通过观察示波器，得到了如图 10-13a 所示的波形图；停止后，再以 2850r/min 的转速转动，示波器上出现了如图 10-13b 所示的波形图。

当转速的误差控制在 5% 以内时，频率与转速成线性关系，传感器性能基本稳定，装置可用于实际转速测量中。

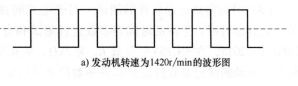

a) 发动机转速为1420r/min的波形图

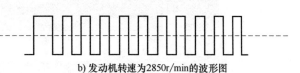

b) 发动机转速为2850r/min的波形图

图 10-13　传感器输出的方波脉冲信号图

2. 机车光电式转速传感器自动测试装置

光电式转速传感器是保障轨道交通安全平稳运行的重要装置，要保证其工作状态，须对其进行测试。TB/T 2760.1—2015《机车、动车组转速传感器 第1部分：光电转速传感器》规定的测试工况和参数比较多，特别是多通道传感器，人工测试过程复杂，操作繁琐，数据量大。传统测量装置基于手工操作，存在精度不高和工作效率低等缺点。因此，根据标准规定的测量参数的类型与数量，可采用基于 LabVIEW 的虚拟仪器系统编程环境以及可溯源的仪器设备，开发光电式转速传感器自动测试系统，实现光电式转速传感器的自动化测试、记录、计算和结果的判定。

（1）光电式转速传感器的性能参数　光电式转速传感器由传感器主轴（转动轴）、光源、光栅圆盘、光电器件输出电路等组成，利用机械轴带动光栅转动实现光源和光电器件之间的光路通断以输出光脉冲，再经电路转化为电脉冲信号后输出。

光电式转速传感器按通道数量可分为单通道传感器和多通道传感器；按测速范围主要分为 0~1500r/min 传感器和 0~3000r/min 传感器；按电源电压标称值主要分为 DC15V 传感器和 DC24V 传感器，而且每个通道单独供电。TB/T 2760.1—2015 规定了轴端传感器测试性能参数时的具体转速工况。光电式转速传感器需要测量的性能指标参数见表 10-2。

表 10-2　光电式转速传感器需要测量的性能指标参数

空载电流/mA	相位差/(°)	高电平/V	低电平/V
≤50	90±30	≥0.8V_{DC}	≤2
占空比(%)	上升沿电压变化率/(V/μs)	下降沿电压变化率/(V/μs)	每转脉冲数/个
50±10	≥3.5	≥3.5	200

（2）自动测试的实现　测试系统主要由变频器、变频电机、功率分析仪、多通道示波器组成。功率分析仪和多通道示波器通过交换机连接，实现多路信号的同时采集。变频器控

制变频电动机的转速，通道电压、电流信号由功率分析仪采集，输出信号波形参数由多通道数字示波器采集分析。对于多通道传感器，只需要增加功率分析仪以及示波器的测试通道就能实现兼容，极大地方便了测试，降低了通道拓展的复杂度。

光电式转速传感器自动测试软件采用模块化编程结构，遵循高内聚低耦合原则，利用图形化编程语言 LabVIEW 作为开发平台，通过其虚拟仪器的界面呈现出来，可以实现光电式转速传感器所有数据的自动测量和记录。

（3）自动测试记录软件的测试　对光电式转速传感器的标称供电电压、高电平、低电平、上升沿时间、下降沿时间等参数进行测试和自动记录，测试软件的适应性。依据 TB/T 2760.1—2015，在 DC15V、负载 R_L 为 3kΩ、转速为 500r/min 的条件下进行测量。在测试过程中，自动测试记录软件能显示各参数的测量结果，如图 10-14 所示。

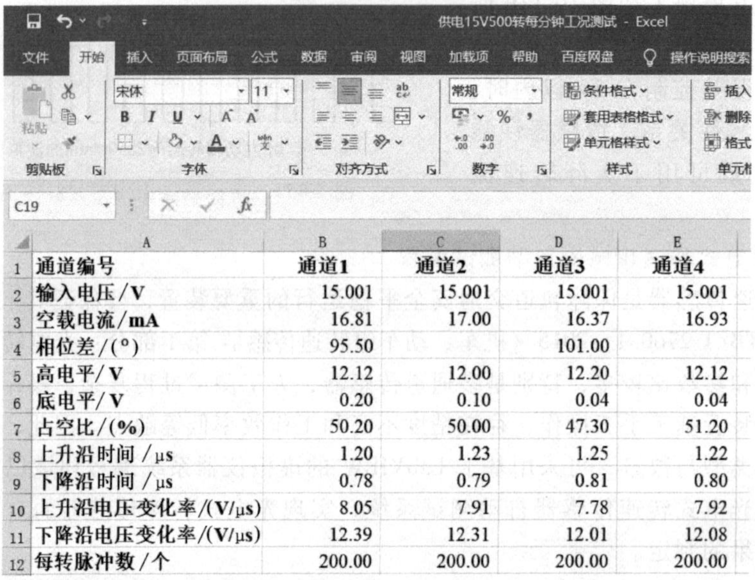

图 10-14　自动记录测试数据

	A	B	C	D	E
1	通道编号	通道1	通道2	通道3	通道4
2	输入电压/V	15.001	15.001	15.001	15.001
3	空载电流/mA	16.81	17.00	16.37	16.93
4	相位差/(°)	95.50		101.00	
5	高电平/V	12.12	12.00	12.20	12.12
6	底电平/V	0.20	0.10	0.04	0.04
7	占空比/(%)	50.20	50.00	47.30	51.20
8	上升沿时间/μs	1.20	1.23	1.25	1.22
9	下降沿时间/μs	0.78	0.79	0.81	0.80
10	上升沿电压变化率/(V/μs)	8.05	7.91	7.78	7.92
11	下降沿电压变化率/(V/μs)	12.39	12.31	12.01	12.08
12	每转脉冲数/个	200.00	200.00	200.00	200.00

软件还可将测试结果与标准判定模板进行比较，显示比较结果，并提示测试人员本次测量数据的有效性以及判定测试是否通过。

四、使用注意事项

光电式传感器具有检测距离长的优点，其检测距离可达 10m 以上，能解决其他检测手段（磁性、超声波等）无法远距离检测的难题。由于它以检测物体引起的遮光和反射为检测原理，故可对玻璃、塑料、木材、液体等几乎所有物体进行检测，响应时间非常短。另外，光电式传感器分辨力高、可实现非接触检测。

在光电式传感器的使用过程中，若没有信号输出，则主要有以下几方面原因。

（1）放置问题　检测物体必须在传感器可以检测的区域内，也就是光电可以感知的范围内。

（2）对准问题　直射式光电式传感器的发光器件和光电器件的光轴必须对准，反射式光电式传感器的探头部分和反光板光轴必须对准。

（3）环境干扰问题　若现场环境有粉尘，则需要定期清理光电式传感器探头表面；若是多个传感器紧密安装，会互相产生干扰；若周围有大功率设备，将会产生影响较大的电气干扰，因此必须要有相应的抗干扰措施。

（4）配置问题　对于直射式光电式传感器，必须将发光器件和光电器件组合使用，并且两端都需要供电。

（5）接线问题　用户必须给传感器提供稳定电源，如果是直流电源，必须确保正、负极连接正确。

项目三　磁电式传感器在转速测量中的应用

磁电式转速传感器又称变磁阻式转速传感器，属于感应式转速变换器，是利用法拉第电磁感应原理将机械转速量转换成电量的能量转换型检测器。磁电式转速传感器具有结构简单，寿命长，输出信号强，抗干扰能力强，不受油、水雾、灰尘等介质影响的优点，目前在数字式转速测量中应用广泛。

一、磁电式传感器测转速的工作原理

1. 电磁感应

磁电式传感器是利用电磁感应原理将被测量（如振动、位移、转速等）转换成电信号的一种传感器。它不需要辅助电源就能把被测对象的机械量转换成易于测量的电信号，属于自发电式传感器。

根据电磁感应定律，当 N 匝线圈在恒定磁场内运动时，设穿过线圈的磁通为 Φ，则线圈内的感应电动势 e 与磁通 $\mathrm{d}\Phi/\mathrm{d}t$ 有如下关系

$$e=-N\frac{\mathrm{d}\Phi}{\mathrm{d}t}$$

2. 磁电式传感器的频响特性

以励磁型磁电式传感器为例，如图 10-15 所示，它的线圈、磁铁静止不动，测量齿轮安装在被测旋转体上，随之一起转动。当齿轮的齿顶对准线圈时，穿过线圈的磁力线较多；而当齿轮的齿根对准线圈时，穿过线圈的磁力线较少。这样，齿轮每转动一个齿，就引起磁路磁阻变化一次，磁通量也就变化一次，线圈中产生感应电动势的大小也随其改变，其幅度与转速有关。转速越高，输出的感应电动势就越高（图 10-15b 中的 O-A 段），输出的感应电动势的频率与转速成正比。若转速进一步增大，磁路损耗增大，输出的感应电动势已趋饱和（图 10-15b 中的 A-B 段），当转速超过 b 时，磁路损耗加剧，感应电动势锐减。

若齿轮齿数为 z，转速为 $n(\mathrm{r/min})$，则线圈中感应电动势的频率 $f(\mathrm{Hz})$ 为

$$f=\frac{nz}{60}$$

随着被测物体的转动，转速传感器输出与旋转速度相对应的脉冲信号（近似正弦波或矩形波），然后通过计数仪表显示测量的转速值。

二、磁电式传感器的应用

按磁场形成方式的不同，磁电式传感器分为永磁型和励磁型两种类型。永磁型磁电式传

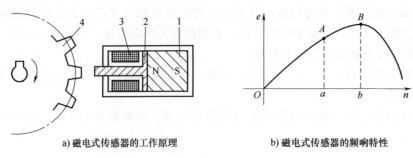

a) 磁电式传感器的工作原理　　　　　　　b) 磁电式传感器的频响特性

图 10-15　磁电式传感器的工作原理与频响特性

1—永久磁铁　2—软磁铁　3—线圈　4—测量齿轮

感器的磁场是由永磁体产生的，其结构简单，成本低廉，目前已广泛应用于数字式转速测量。励磁型磁电式传感器的磁场是由电磁体产生的，其极靴上多一套具有励磁作用的线圈结构，其与普通互感变流器相似，具有极高的感应电动势灵敏度。但由于其结构复杂，很少采用单一传感器作为转速测量的激励。按极靴结构的不同，励磁型磁电式传感器可分为单极型、双极型、齿型；按磁路形式的不同，又可分为开磁路式和闭磁路式。

1. 用磁电式传感器测量汽车发动机的转速

转速是发动机最重要的参数之一，发动机检测多以发动机转速为重要变量，因此对发动机转速进行有效测量是非常必要的。目前，在家用汽车中，传感器是汽车控制系统的关键，它的性能与汽车电控系统的性能密切相关，而其中最重要的是转速传感器，它的作用是检测上止点信号、曲轴转角信号和转速信号等。

发动机转速传感器又叫曲轴位置传感器，是电喷发动机自动控制系统中最重要的传感器。它通常安装在曲轴上，或在曲轴附近的位置，用来测量发动机转速。发动机转速传感器的功能是检查上止点信号、发动机转速信号和曲轴转角信号，并将其输入 ECU，进而控制气缸点火顺序，并在最佳时刻发出点火命令。采用磁电式传感器测量转速快速准确，且适用于任何恶劣环境，优于传统测量方法。

2. 基于磁电式传感器的液压马达转速测控系统

变转速泵控马达调速系统是液压传动中常见的调速系统。由于液压泵的效率低，故液压泵的最低转速一般为 600r/min。液压泵和液压马达的排量接近时，液压马达的转速接近液压泵的转速，属于高转速测量，故转速测量方案采用频率法。综合考虑系统、传感器的兼容性和性价比，针对泵控马达实验平台，使用基于磁电式转速传感器的液压马达转速测控系统。

（1）磁电式转速传感器的安装　如图 10-16 所示，磁电式转速传感器安装在支架上，正对测速齿盘。当柱塞式液压马达带动测速齿盘转动时，齿盘上的齿依次经过磁电式传感器，使传感器与测速齿盘之间的齿隙发生周期性变化，导致穿过传感器内部线圈的磁通量随之也发生周期性变化，经传感器内部硬件滤波、整形放大后输出脉冲方波电压信号。脉冲方波电压信号的频率与转速呈线性关系。只要测出测速齿盘的方波电压信号频率就能间接得到齿轮的转速测量值。

（2）液压马达转速测控系统　变转速泵控液压马达转速测控系统的结构框图如图 10-17 所示，其动力源为 11kW 伺服电动机，配有交流伺服控制器，通过工控机输出 1~10V 转速

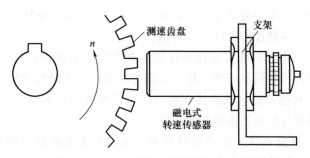

图 10-16　磁电式转速传感器安装示意图

控制电压到交流伺服控制器，对应电动机转速的输出值为 0~2000r/min。液压系统为开式泵控液压马达调速系统。液压回路中有小排量高压齿轮泵、溢流阀、油箱、三位四通换向阀及散热器等液压元件，管路上安装有流量、压力和温度传感器，可以对液压系统中油液的流量、压力和温度进行测量。液压泵为小排量高压齿轮泵，排量为 11mL/r，额定工况下容积效率 ≥90%，机械效率约为 90%。选用的液压马达为手动变量柱塞式液压马达，最大排量为 10mL/r，额定工况下容积效率为 88%~93%，机械效率约为 93%。变量液压马达的排量设置为最大排量，当作定量液压马达使用。模拟加载元件为磁粉制动器，减速器的输出轴通过联轴器与其刚性连接。磁粉制动器配有程控稳流电源，工控机输出 1~10V 转矩控制电压信号，经过程控稳流电源，转化放大为励磁电流，来控制加载转矩的大小。

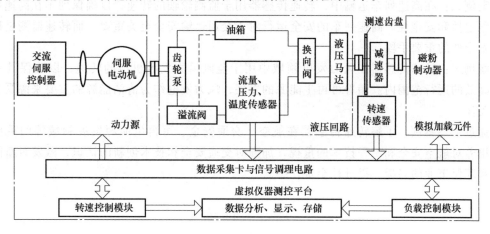

图 10-17　液压马达转速测控系统的结构框图

三、使用注意事项

磁电式转速传感器灵敏度高，稳定性好，测量范围广，工作温度范围广，不需要外部电源。但它也存在缺点，包括：灵敏度容易受到外界磁场干扰、精度较低、易受机械振动和冲击影响、易受温度变化影响、响应时间较慢等。使用磁电式转速传感器时，需要注意以下事项。

（1）磁场干扰　磁电式转速传感器对外部磁场的干扰较为敏感。在安装过程中，需要避免接近强磁场源，如电动机、磁铁等，以免影响传感器的测量准确性。

（2）安装位置　应将磁电式转速传感器安装在旋转物体的合适位置上，确保传感器能够正常接收到旋转物体产生的磁场变化。安装时应注意传感器与旋转物体的间隙、对准度和距离等参数，以确保传感器能够准确测量转速。

（3）温度影响　磁电式转速传感器的性能可能会受到温度的影响。在高温或低温环境中使用时，需要确保传感器能够正常工作，并进行必要的温度补偿或校准。

（4）电气连接　传感器的电气连接应符合指定的接线方式和极性。应正确连接电源和信号线，以确保传感器与接收设备的正常通信。

（5）防护措施　根据具体工作环境的要求，可以考虑采取适当的防护措施，如防尘、防水等，以延长传感器的使用寿命和稳定性。

（6）维护保养　定期检查和清洁传感器，确保其表面无尘、无污染物，并保持良好的工作状态。若发现损坏或出现异常，应及时更换或维修。

素养提升

转速传感器的应用场景丰富，具体案例如下。

案例一：在航空领域中，转速传感器用于监测航空发动机的转速，以确保其在正常工作范围内。航空发动机的稳定性和安全性对航空安全至关重要，因此转速监测在航空工程中具有重要作用。

案例二：在高速列车运输中，转速传感器用于监测轮轴的转速，以确保列车在高速运行时的稳定性和安全性。高速列车的安全运行对于交通运输安全至关重要，而转速监测是确保列车安全性的重要手段。

案例三：转速传感器在风力发电领域中用于监测风力发电机组的转速，以确保其在安全、高效的运行范围内。随着可再生能源的发展，风力发电作为清洁能源的重要来源受到了广泛关注。

通过上述案例，了解转速传感器在航空、交通安全、可再生能源发展领域等的重要作用，培养对航空安全和工程技术的重视，加强对交通安全和技术创新的认识，激发对新能源技术和环保事业的兴趣，提升社会责任感。

复习与训练

1. 测量转速的方法有哪些？
2. 测量转速的传感器有哪些？各有什么特点？分别用于什么场合？
3. 什么是霍尔效应？霍尔式传感器的输出霍尔电动势与哪些因素有关？
4. 光电式传感器可以在哪些场合用于测量转速？
5. 磁电式传感器的工作原理是什么？
6. 磁电式传感器分为哪些类型？

参 考 文 献

[1] 胡向东. 传感器与检测技术 [M]. 4版. 北京：机械工业出版社，2021.

[2] 秦洪浪，郭俊杰. 传感器与智能检测技术 [M]. 北京：机械工业出版社，2021.

[3] PAWAR K D. Chemical Sensors [M]. Boca Raton：CRC Press，2023.

[4] AHIRWAR A，SHUKLA K P，SHUKLA K P，et al. Intelligent Sensor Node-Based Systems：Applications in Engineering and Science [M]. New York：Apple Academic Press，2023.

[5] 唐文彦，张晓琳. 传感器 [M]. 6版. 北京：机械工业出版社，2022.

[6] ZIEMANN V. A Hands-On Course in Sensors Using the Arduino and Raspberry Pi [M]. Boca Raton：CRC Press，2023.

[7] ACEVEDO F M. Real-Time Environmental Monitoring：Sensors and Systems-Textbook [M]. Boca Raton：CRC Press，2023.

[8] GUPTA D B，SHARMA K A，LI J. Plasmonics-Based Optical Sensors and Detectors [M]. Singapore：Jenny Stanford Publishing，2023.

[9] MARGHANY M. Recent Remote Sensing Sensor Applications-Satellites and Unmanned Aerial Vehicles (UAVs) [M]. London：IntechOpen，2022.

[10] BHANDARI S，RUSHI D A. Materials for Chemical Sensors [M]. Boca Raton：CRC Press，2023.

[11] LANG W. Sensors and Measurement Systems [M]. Copenhagen River Publishers，2021.

[12] IBRAHIM A，VALLE M. Electronic Skin：Sensors and Systems [M]. Copenhagen River Publishers，2021.

[13] GUPTA A，KUMAR M，SINGH K R，et al. Gas Sensors：Manufacturing，Materials，and Technologies [M]. Boca Raton：CRC Press，2022.

[14] MEADE J T. Molecular Bio-Sensors and the Role of Metal Ions [M]. Boca Raton：CRC Press，2022.

[15] 皇甫伟. 无线传感器网络测试测量技术 [M]. 南京：南京大学出版社，2022.

[16] 施晓东，杨世坤. 多传感器信息融合研究综述 [J]. 通信与信息技术，2022 (06)：34-41.

[17] JU H，LI J H. Biochemical Sensors (In 2 Volumes) [M]. Singapore：World Scientific Publishing Company，2021.

[18] 袁德宝，张帆宇扬，苏德国. 多源数据融合的室内定位算法研究 [M]. 成都：西南交通大学出版社，2021.

[19] INIEWSKI K，IWANCZYK S J. Radiation Detection Systems：Sensor Materials，Systems，Technology and Characterization Measurements [M]. Boca Raton：CRC Press，2021.

[20] 史金飞，江苏省科学技术协会，江苏省机械工程学会. 智能制造 [M]. 南京：南京大学出版社，2021.

[21] MOSELEY P，CROCKER J. Sensor Materials [M]. Boca Raton：CRC Press，2020.

[22] 何高法，孟杰. 新型谐振式传感器优化设计及应用 [M]. 重庆：重庆大学出版社，2020.

[23] 王振世. 大话万物感知：从传感器到物联网 [M]. 北京：机械工业出版社，2020.

[24] 廖建尚. 面向物联网的 CC2530 与传感器应用开发 [M]. 北京：电子工业出版社，2018.

[25] 包旭. 延长无线传感器网络生命周期的相关算法研究 [M]. 南京：东南大学出版社，2017.

[26] 俞阿龙，李正，孙红兵等. 传感器原理及其应用 [M]. 南京：南京大学出版社，2017.

[27] 刘光定. 传感器与检测技术 [M]. 重庆：重庆大学出版社，2016.

[28] 海涛，李啸骢，韦善革，等. 传感器与检测技术 [M]. 重庆：重庆大学出版社，2016.

[29] 张启福. 传感器应用 [M]. 重庆：重庆大学出版社，2015.

［30］ GRATTAN K T V MEGGITT B T. Optical Fiber Sensor Technology：Advanced Applications-Bragg Gratings and Distributed Sensors ［M］. Berlin：Springer，2000.

［31］ SCHUBERT H，KUZNETSOV A. Detection of Explosives and Landmines ［M］. Berlin：Springer，2002.

［32］ BOHNERT K. Optical Fiber Current and Voltage Sensors ［M］. Boca Raton：CRC Press，2024.

［33］ 苏毅珊，张贺贺，张瑞，等. 水下无线传感器网络安全研究综述 ［J］. 电子与信息学报，2023，45（03）：1121-1133.

［34］ KANNADHASAN S，NAGARAJAN R，KARTHICK A. Intelligent Technologies for Sensors：Applications，Design，and Optimization for a Smart World ［M］. New York：Apple Academic Press，2023.

［35］ VIJAYAKSHMI R S，MURUGANAD S. Wireless Sensor Networks：Architecture-Applications-Advancements ［M］. Herndon：Mercury Learning and Information，2018.